Können wir noch Christen sein?

von Rudolf Eucken

Neudruck 1927

Walter de Gruyter & Co.

vormals G. J. Göschen'sche Verlagshandlung
J. Guttentag, Verlagsbuchhandlung / Georg Reimer
Karl J. Trübner / Veit & Comp.

Berlin und Leipzig

Rodardruck von C. G. Röder G. m. b. H., Leipzig.

Vorwort.

Da ein Buch wie das folgende einen ausgeprägt persönlichen Charakter trägt, so scheint es angemessen, meine persönliche Stellung zur Sache mit einigen Worten zu schildern. Die religiösen Probleme haben mich, wohl unter dem Einfluß trüber Lebenseindrücke, von früher Jugend an stark beschäftigt, aber zugleich konnte ich mich mit den Kirchen nicht befreunden, und ich habe nie daran gedacht, mich ihrem Dienste zu widmen. Ja ich habe später, als die wissenschaftliche Arbeit zu meinem Lebensberufe wurde, mich bemüht, das religiöse Interesse überhaupt zurückzudrängen, ich hätte mich sonst schwerlich so eingehend mit Aristoteles und mit der philosophischen Terminologie befaßt. Aber jenes Interesse wollte nicht weichen, es brach auch aus meinem philosophischen Streben immer wieder hervor. Zugleich aber verblieb das Problem, wie wir uns bei freieren Überzeugungen zum Christentum stellen können und sollen. Schon lange drängte es mich zu einer offenen Aussprache darüber, aber ich verschob die Ausführung immer wieder in der Hoffnung, die Sache bei wachsender Lebenserfahrung tüchtiger leisten und die nicht geringe Verantwortlichkeit, die in ihr liegt, zuversichtlicher übernehmen zu können. Nun aber scheint es mir endlich Zeit, an die Ausführung zu gehen. Zunächst mir selbst gegenüber, da das Alter naht, und man nicht wissen kann, wie lange die Frische des Wirkens vergönnt ist. Dann aber auch gegenüber der Zeit. Denn der Kampf um jene Frage ist jetzt offen entbrannt, und es wird zur Pflicht, in ihm deutliche Stellung zu nehmen und nach bestem Vermögen das Ziel zu fördern, um das jener Kampf sich bewegt. So wollen wir nicht länger schweigen.

Was den Inhalt des Buches betrifft, so wird man, auch abgesehen von der Parteistellung, es schwerlich jemandem ganz recht machen können; wo das Problem so tief im persönlichen Leben wurzelt, da hat jeder seine eignen Fragen und Wünsche, und dem einen wird zu viel sein, was dem anderen zu wenig dünkt. So sei zur Rechtfertigung der Anordnung und Entwicklung nur folgendes bemerkt. Vielleicht wird mancher meinen, daß die philosophische Darlegung einen zu breiten Raum einnimmt und sich von dem Hauptproblem zu weit entfernt. Aber diese Ausführung war ganz unentbehrlich, um den eignen Überzeugungen einen festen Halt zu geben und nicht Meinung gegen Meinung zu setzen, was derartige Diskussionen ebenso unerquicklich wie unfruchtbar macht. Bei den eigentlich religiösen Problemen hätte dagegen mancher vielleicht ein näheres Eingehen und bestimmtere Anregungen gewünscht. Aber wir meinen, daß die Zeit dazu noch nicht gekommen ist. Es gilt zunächst eine Verständigung über die Hauptrichtung des Suchens, es gilt ein Entwerfen von Umrissen einer religiösen Gedankenwelt, es gilt zu zeigen, daß neben der

Bindung der Religion an eine konfessionelle Fassung und ihrer heute beliebten Verflüchtigung zu subjektivem Pathos noch ein anderer Weg besteht, wir sagen absichtlich nicht Mittelweg, denn zu vermitteln gibt es hier nichts. Wie weit aber dieser Weg führt und was seine Verfolgung an weiteren Aufgaben stellt, das kann erst die Zukunft und vereinte Arbeit zeigen.

Jena, im Oktober 1911.

Rudolf Eucken.

Inhaltsübersicht.

Einleitung.

Ein schroffer Zwiespalt zerreißt heute die christliche Welt und gefährdet alle Kraft und Wahrheit ihres Lebens, ein Zwiespalt zwischen Verehrung und Verwerfung, zwischen äußerer Festigkeit und innerer Erschütterung der überkommenen Religion. Äußerlich behauptet das Christentum in den meisten Ländern noch immer seine hergebrachte Stellung, und der kirchlichen Gewalt pflegt die staatliche bereitwillig Hilfe zu leisten, aber auch darüber hinaus bleibt das Christentum unzähligen Seelen ein Halt in den Stürmen und ein Trost in den Nöten des Lebens, immer noch ist es eine reiche Quelle aufopfernder Liebe und treuer Pflichterfüllung, immer noch findet es viele bereit, für seine Zwecke zu leben und zu sterben.

Aber inmitten solcher Schätzung und Wirkung erhebt sich, wächst und dringt siegreich vor ein starker, ein leidenschaftlicher Widerspruch gegen das Christentum; es ist das nicht der zahme und schüchterne Zweifel, wie ihn alle Zeiten kennen, ein Zurückbleiben der Individuen hinter der heroischen Denkweise der Religion, sondern was heute sich ihr entgegenstellt, greift weit tiefer ein und bringt weit mehr Gefahr. Früher blieb die Verneinung auf engere Kreise, namentlich auf die höheren

Schichten der Gesellschaft beschränkt, heute ergreift sie breiteste Massen und versetzt sie bald in stumpfe Gleichgültigkeit, bald in wilden, tempelstürmenden Haß. Zahlen zeigen unwidersprechlich, wie die Teilnahme an kirchlichen Akten und Feiern unablässig zurückgeht, mehr und mehr kommen die Gläubigen in die Minderzahl. In modernen Großstädten gar, wenigstens in den deutschen, findet jede Bekämpfung, ja Herabsetzung des Christentums jubelnden Beifall Tausender. Ist eine solche Behandlung der Religion, der eignen Religion, ein normaler Zustand, und findet sich ähnliches irgendwo außerhalb des Christentums?

Zugleich hat sich die Verneinung von einzelnen Punkten und Seiten immer mehr auf das Ganze der christlichen Gedankenwelt ausgedehnt, so daß jetzt nicht einzelne Dogmen und Einrichtungen, sondern jenes Ganze in Frage steht. Dabei ist die Verneinung mehr und mehr von der Abwehr zum Angriff übergegangen. Die einzelnen Kräfte fassen sich straff zusammen und rücken in gemeinsamer Schlachtlinie vor, man will nicht Duldung, sondern Herrschaft, man beginnt sich zu organisieren und dem Christentum Massenprogramme entgegenzuhalten. In dieser Hinsicht ist die Bewegung des Monismus ein bedeutsames Zeichen der Zeit. Wie wäre aber wohl eine solche Verbindung der Kräfte möglich, wenn nicht hinter den Meinungen der Individuen eigentümliche Strömungen der Kulturarbeit wirkten, welche neue Forderungen stellen, neue Wege zeigen, das Ganze des Lebens nach entgegengesetzter Richtung treiben? Nur solcher Zusammenhang mit der Arbeit der Zeit gibt dem Widerspruch das Bewußtsein eines guten

Rechtes und die Hoffnung eines endgültigen Sieges, er fühlt sich als den Vertreter einer notwendigen Lebenserneuerung.

So umfängt uns augenscheinlich ein Kampf von Ganzem zu Ganzem; die Frage wird unabweisbar, wie wir solche Zerklüftung, solchen drohenden Zerfall des menschlichen Lebens zu deuten, und in welcher Richtung wir eine Überwindung zu suchen haben. Kündet die mächtige, äußerlich noch immer anschwellende Gegenbewegung uns an, daß es mit dem Christentum zu Ende geht, daß seine Zeit abgelaufen ist, und daß unser geistiges Leben einen neuen Standort zu suchen hat, oder erweist die Aufregung und die Erschütterung nur die Notwendigkeit einer inneren Erneuerung des Christentums? Bedeuten die heutigen Wirren den Todeskampf einer altehrwürdigen Weltmacht, oder sind sie nur die Wehen einer neuen Geburt? Kann das Christentum, was an den Erfahrungen und Forderungen der weltgeschichtlichen Lage echten Bestandes ist, in sich aufnehmen und es verwerten, oder muß es an ihnen scheitern?

Das ist eine Frage, die nicht nur über den Hauptzug der gemeinsamen Arbeit entscheidet, sondern die tief auch in das Leben und die Seele des Einzelnen greift; eine solche Frage, einmal mit voller Klarheit gestellt, kann ohne schweren Schaden nicht lange in unsicherer Schwebe bleiben, sie verlangt eine deutliche Antwort. Eine Antwort aber, die fördert, kann sie nur finden, wenn das große Problem nicht als eine Sache der Partei, sondern als eine Angelegenheit der ganzen Menschheit, nicht in der Zerstreuung einzelner Punkte und in ermüdendem Kleinkampf, sondern im Ganzen und im Zurückgehen auf die tiefsten Wurzeln der Gegensätze behandelt wird. Es läßt sich vermuten, daß nicht eine bloße Besinnung genügt, sondern daß eine Weiterbildung nötig wird; um aber an den Punkt zu gelangen, wo die Richtung dieser erhellt, und wo es einer Entscheidung des ganzen Menschen bedarf, gilt es zunächst, die weltgeschichtliche Lage ruhig zu überschauen und möglichst unbefangen zu würdigen. Streben wir also nach bestem Vermögen danach, daß der Größe der Aufgabe die Art der Behandlung einigermaßen entspreche.

Die Sache ist sicherlich ernst und schwer; wer sich scheut, solchen Fragen offen ins Auge zu sehen, der halte sich von ihr fern; bloße Vorsicht und bloße Rücksicht führen uns nicht aus dem unerträglichen Zwiespalt heraus.

A. Die Rechtfertigung der Frage.

I. Was ist und was will das Christentum?

Eine große Religion mit dem Reichtum ihrer Gestaltung, mit ihren Verwicklungen und Gegensätzen, in ihrer ständigen Wechselwirkung mit der weltgeschichtlichen Lage auf die einfache Formel eines Begriffs zu bringen, ist ein Ding der Unmöglichkeit, ein solches Unternehmen kann nur verflachend und verflüchtigend wirken. Ein anderes aber ist es, aus der unendlichen Fülle von Erscheinungen durchgehende Charakterzüge herauszuheben und von ihnen aus ein faßbares Gesamtbild zu entwerfen; ein solches ist unentbehrlich, nicht nur, um diese Religion gegen andere abzugrenzen, sondern auch, um sie selbst innerlich zu durchleuchten, sowie bei ihr Haupt- und Nebensachen genügend auseinander zu halten. So müssen auch wir, um einen sicheren Ausgangspunkt für unsere Untersuchung zu gewinnen, vor allem nach einem Gesamtbild des Christentums streben; wir suchen dabei von allgemeineren Eigenschaften zum Eigentümlichen und Unterscheidenden schrittweise vorzudringen.

1. Das Christentum macht die Religion zur souveränen Beherrscherin des menschlichen Lebens und Seins,

indem es der nächsten Welt gegenüber eine neue Welt eröffnet und dafür das Herz des Menschen verlangt. Die Religion ist hier nicht ein bloßes Mehr, das ein vorhandenes Leben nur umsäumt, sondern sie ist die Lösung eines unerträglichen Widerspruchs, sie vollzieht eine Umkehrung der gesamten Wirklichkeit. Die neue Welt wird dabei dem Menschen das Erste und Allersicherste, etwas, das keiner Erweisung von einem anderen Standort her bedarf, sondern das selbst den Standort bildet, für den sich alles erweisen muß. Gott wird hier nicht von der Welt, sondern die Welt von Gott aus gesehen. Eine solche Ablösung vom nächsten Dasein und eine Versetzung in eine neue Welt entsprach der Lage des ausgehenden Altertums, einer Zeit, die mit der Welt, wie sie vorlag, zerfallen war, die keine Ziele mehr in ihr fand, keine Hoffnungen für sie hegte, die daher der Eröffnung einer neuen Welt, einer frischen Lebensquelle, bereitwillig entgegenkam. Die vom Christentum vollzogene Umwälzung mußte von hier aus als die Erfüllung eines unabweisbaren Verlangens erscheinen.

2. Das Christentum ist Geistesreligion, d. h. es findet die neue Welt in einem übersinnlichen und unsichtbaren Reiche; wie Gott als reingeistiges Wesen ihm als Ursprung und Träger der gesamten Wirklichkeit gilt, so ist die hier verlangte Erneuerung des Lebens an erster Stelle geistiger Art. Die Natur hat als die Schöpfung Gottes, die durch all ihr Wirken und Sein seine Herrlichkeit dartut, sie mit tausendfachen Zungen verkündet, stets den Zwecken des Geistes zu dienen; so können die Wunder, welche die Entwicklung des Christentums begleiten, nicht den mindesten Anstoß erregen.

Solche Erhebung des Geistes über die sichtbare Welt war zunächst vom Judentum durch schwerste Erschütterungen hindurch errungen worden; aber auch das Griechentum wurde durch seine Erfahrungen mehr und mehr von der mit ganzer Liebe erfaßten und durch herrliche Kunst verklärten Welt der Sinne zur Flucht in eine weltüberlegene Innerlichkeit getrieben; mit besonderer Deutlichkeit zeigt der Verlauf seines philosophischen Strebens, wie sich ihm der Schwerpunkt des Lebens mehr und mehr aus der sinnlichen Welt in eine unsinnliche verlegt; welcher Abstand und wie viel Lebenswandlung liegt zwischen den Anfängen, welche naiv und kühn die Naturelemente beseelten, und dem Abschluß in Plotin, der in allem Sichtbaren ein bloßes Gleichnis einer unsichtbaren Ordnung sah! Aber im Aufnehmen dieser Bewegung des Altertums vollzog das Christentum zugleich ein Weiterführen. Wie dort die Begriffe von der Gottheit sich keineswegs von aller Zutat der Natur, von allem „Erdenrest" befreiten, das zeigt zur Genüge die eine Tatsache, daß eben der Schluß des Altertums in der Sonne, dem sol invictus, die Haupterscheinung der Gottheit finden konnte. Und ein Rest von Natur verblieb dem Altertum auch im sittlichen Handeln, vornehmlich in der Fassung seiner Triebkraft. Das Christentum erst hat hier alles Fremde ausgeschieden und die volle Weltherrschaft reiner Geistigkeit ausgebildet, so ist es vor den anderen Religionen die Religion des absoluten Geistes.

3. Das Christentum ist Erlösungsreligion, nicht Gesetzesreligion, d. h. es erwartet die große Wendung, den Gewinn der neuen Welt, nicht vom Entschluß des Men-

schen und der Anspannung seiner Kraft, sondern von entgegenkommender und emporhebender göttlicher Gnade, die keineswegs bloß das Streben des Menschen unterstützt, sondern reine Anfänge in ihm setzt, aus dem Verhältnis zu Gott ein neues Leben hervorgehen läßt, einen neuen Menschen schafft. Denn der Mensch der Erfahrung gilt als viel zu sehr dem Guten entfremdet und in seinem geistigen Vermögen geschwächt, als daß er jene Wendung aufbringen könnte; so liegt alle Rettung bei Gott, und der Mensch hat alles von ihm zu empfangen. Tiefe Demut und freudige Dankbarkeit werden damit zu Trägern des neuen Lebens, sie selbst aber sind nur wahrhaftig als Frucht einer ungeheuren Erschütterung und inneren Umbildung. Auch das entsprach der seelischen Lage der Zeit, in der das Christentum aufkam. Eben der Kulturmensch fühlte sich von den Widersprüchen des Daseins hart bedrängt und bis in sein tiefstes Innere gespalten, namentlich bedrückte ihn der Widerspruch zwischen einer raffinierten Sinnlichkeit und einer hochentwickelten, aber matten Geistigkeit, so sah er sich an dunkle Mächte gebunden, die er verachtete und doch nicht abschütteln konnte. Bei der Geringschätzung des Menschen, die daraus erwuchs, blieb nur die Wahl: entweder völlige Verzweiflung, eine Preisgebung aller Ideale, oder eine Hoffnung auf übernatürliche Hilfe, auf Erlösung durch göttliche Gnade.

4. Die Erlösung, welche das Christentum verheißt, ist ethischer, nicht intellektueller Art, d. h. es sieht nicht wie die indischen Religionen seine Aufgabe darin, den Menschen aus der Welt trügerischen Sinnenscheins in die des echten Seins zu versetzen, ihn von der Zer-

streuung und der Vergänglichkeit zur unwandelbaren Einheit zu führen, sondern sein Hauptproblem ist der Kampf von Gutem und Bösem; es findet die Welt, die Gott als eine gute schuf, durch eigne Tat zum Bösen gefallen und nun vom Bösen durchtränkt; von dieser Verderbnis kann nur göttliche Liebe befreien, und sie tut es in rettender Tat. Denn sie eröffnet ein Reich der Gotteskindschaft, wo in vollem Einklang der Gemüter aller Zwiespalt aufhört und reinste Seligkeit gewonnen wird. Aus der Kraft dieses neuen Reiches gewinnt die Welt von neuem Wert, und die Weltflucht weicht einer Weltverklärung. So wird hier nicht die Welt schlechthin, sondern nur ihr vorhandener Stand verworfen, das Nein schließt nicht ab, sondern durch es hindurch geht der Weg zu einem freudigen Ja.

Diese Denkweise macht zum Werkzeug der Wendung nicht eine wunderbare Erleuchtung, der es dem Schein gegenüber plötzlich wie Schuppen von den Augen fällt, sondern eine Umwälzung der Gesinnung, einen elementaren Durchbruch neuen Lebens. Alles menschliche Tun ruht dabei auf göttlicher Tat und entsteht erst durch sie, alles Wirken des Menschen aus selbsteigner Kraft wird aufs strengste abgewiesen. Aber auch so wird zum Kern der Wirklichkeit freies Wollen und Tun, nicht irgendwelches nach Gesetzen verlaufendes Geschehen, in großen Taten vollzieht sich die Weltgeschichte, sie wird damit erst aus einem bloßen Prozeß zu einer Geschichte wahrhaftiger Art. Indem sich aber diese Taten miteinander verknüpfen und in Spiel und Gegenspiel zu einem geschlossenen Ganzen verbinden, verwandelt sich die ganze Wirklichkeit in ein Drama ethischer Art. Dieses Drama aber reicht unmittelbar auch in die Seele des Einzelnen hinein, auch sie hat die Kämpfe durchzumachen, auch sie die Erneuerungen zu erfahren; damit — und damit zuerst — erhält auch sie eine Geschichte, jede einzelne ihre eigentümliche. Erst das Christentum hat der Seele eine Geschichte gegeben, nur so konnte es gegenüber der Sorge um die Seele alle Ereignisse der Außenwelt zu bloßen Nebendingen heruntersetzen, gemäß jenem Worte Jesu: „Was hülfe es dem Menschen, wenn er die ganze Welt gewönne und litte Schaden an seiner Seele?"

Dieser ethische Grundcharakter bringt weitere Wendungen mit sich. Erst er begründet sicher die Überlegenheit des Geistes gegen alle, wenn auch noch so verfeinerte Natur; die Erfahrung der Menschheit zeigt deutlich, daß jene Überlegenheit sofort ins Wanken geriet, wo der ethische Charakter des Lebens irgendwie abgeschwächt wurde. Zugleich aber gibt solche ethische Schätzung auch dem Menschen als dem Wesen, das eigener Entscheidung und selbsttätigen Handelns fähig ist, eine ausgezeichnete Stellung im All und hebt ihn weit über alle Natur hinaus. Innerhalb der Menschheit aber wirkt diese Grundüberzeugung dahin, die Unterschiede der Leistung der einen Aufgabe unterzuordnen, die allen Menschen als Menschen gemeinsam ist. Aus dem gleichen Verhältnis zu Gott ist die Idee einer gleichen Würde alles Menschenwesens hervorgegangen, und die Erhebung der Treue der Gesinnung über alle Größe der Leistung ist eine unverlierbare Befreiung des Menschen vom Schicksal.

Wie die ethische Aufgabe hier den Mittelpunkt des ganzen Lebens bildet, so gestaltet sie seinen Gesamtcharakter in eigentümlicher Weise. Das Leben wird hier an erster Stelle ein Verhältnis der sich zur Einheit zusammenfassenden Seele zur lebendiggegenwärtigen Gottheit, der Mensch verkehrt hier mit Gott wie das Ich mit einem Du; wie damit das Leben allererst ein reines Beisichselbstsein, eine volle Innerlichkeit gewinnt, so hebt es sich nun deutlicher als ein persönliches von aller unpersönlichen Gestaltung ab und gewinnt dadurch unermeßlich an seelischer Tiefe und Wärme, an einer Wärme, die auch in das Weltbild ausstrahlt und alle Begriffe beseelt. Aber wenn hier das Christentum eine entschiedene Weiterbildung gegen das Altertum vollzog, so entsprach es darin der Lage und Forderung der Zeit, daß es dem religiösen Problem eine ethische Zuspitzung gab. Denn es hatte das tiefe Unbehagen, das damals durch die ernsteren Seelen ging, sich mehr und mehr zu einem quälenden Schuldgefühl gesteigert, eine Sorge vor dunklen Gewalten und schweren Verantwortungen gewann immer größere Macht, zugleich aber erwuchs eine Sehnsucht, ja ein stürmisches Verlangen nach Entsühnung und Reinigung, nach Wiedereinsetzung in den Stand der Unschuld und Güte. Auf diesem Boden mußte die vom Christentum verheißene ethische Erlösung willfährige Aufnahme finden. Die reine Durchbildung dieses ethischen Charakters dürfte vornehmlich dem beginnenden Christentum zum Siege über seine Mitbewerber verholfen haben.

5. So gewiß alles dieses miteinander eine eigentümliche und unterscheidende Art des Christentums ersehen läßt, so ist es doch nur ein Umriß und eine Vorbereitung dessen, was an ihm Hauptsache ist und es zur

Weltmacht erhoben hat. Es besteht — dahin hat das Problem sich zugespitzt — eine tiefe Entzweiung zwischen Gott und der Menschheit, menschlicher Eigenwille hat sich von Gott losgesagt und ihm feindlich entgegengestellt; in dieser Verfeindung ist der Mensch schwerstem Elend verfallen, so ist die Wiederherstellung des Einklangs, die Versöhnung mit Gott, zur Frage der Fragen geworden, die Lösung dieser Frage aber kann nur durch göttliche Liebe und Gnade erfolgen. Es handelt sich nun um den Weg, den diese einschlagen wird, nicht aus allgemeinen Erwägungen ist er abzuleiten, sondern als eine Sache der Tatsächlichkeit aufzusuchen. An dieser entscheidenden Stelle nun bietet das Christentum zwei Tatsachenkomplexe dar, deren einer innerhalb der menschlichen Erfahrung liegt, während der andere ins Metaphysische und Kosmische reicht, jener ist die Verkündigung Jesu vom Kommen des Reiches Gottes und von der Gotteskindschaft des Menschen, dieser ist die Menschwerdung Gottes in Jesus Christus zum Zweck der Erlösung der Menschheit. Die Geschichte des Christentums hat beide Komplexe eng ineinandergeschoben und zu gemeinsamer Wirkung verbunden, innerhalb dieses Ganzen aber hat die Menschwerdung die beherrschende Stellung, das Lebenswerk Jesu berührt sich damit weniger durch den näheren Inhalt seines Lebens als durch seinen Tod, so daß dieser wirksamer dünken konnte als all sein Leben und Tun (Christi mors potentior quam vita).

Die Idee der Menschwerdung Gottes hatte für jene Zeit eine hinreißende Überzeugungskraft, sie schien die einzig mögliche Lösung des unerträglich gewordenen

Konfliktes. Die sittliche Ordnung mit ihrer Heiligkeit ist durch die Schuld der Menschheit aufs allerschwerste verletzt, einfach aufheben und verwischen läßt sich das nicht, der Ernst der Sache fordert eine vollgenügende Sühne. Da der Mensch aus seinem Vermögen diese unmöglich leisten kann, so kann Gott allein Hilfe bringen; doch muß auch die Menschheit irgend beteiligt sein, da jene ihr unmöglich von draußen her wie etwas Fremdes zufallen kann. So bleibt kein anderer Weg, als daß Gott zur Menschheit niedersteige, menschliche Gestalt annehme, wahrhaftiger Mensch werde, um dann in erlösender Liebe die Schuld auf sich zu nehmen, an der er selbst keinen Anteil hatte, und durch sein Opfer stellvertretend die notwendige Sühne zu leisten. Nur so scheint der Mensch wieder einen Zugang zu Gott zu gewinnen, der nunmehr nicht mehr über die Sünde zürnt, sondern seine Gnade wieder eröffnet hat. Nur in dieser Weise scheinen Gerechtigkeit und Liebe, Ernst und Milde zu vollem Ausgleich zu kommen. Die Gerechtigkeit wird befriedigt und die Hoheit des Gesetzes gewahrt, aber die Liebe behält die Oberhand, und so erweist sich schließlich das Christentum als die Religion allesüberwindender Liebe.

Demnach bildet das Einswerden von Gott und Mensch in Einer Person und die dadurch bewirkte Erlösung das Zentraldogma des Christentums, alle weiteren unterscheidenden Dogmen wie die der Dreieinigkeit, der wunderbaren Geburt, der leiblichen Auferstehung Christi, seiner Himmelfahrt usw. ergeben sich von da aus mit zwingender Notwendigkeit. In der Entwicklung jener Dogmen steckt eine gewaltige Logik, die sich nicht in der Mitte abbrechen läßt; wer hier das eine will, kann sich auch dem anderen nicht entziehen.

In dieser Weise erhielt der Gedanke der Vermittlung, der jene Zeit in seinem Banne hatte, die vollkommenste Verwirklichung. Dieser Gedanke entsprang aus der schroffen Scheidung von Gott und Welt, auf der jene Zeit bestand, sie glaubte die Gottheit nicht weit genug über die verderbte Welt und die unlautere Menschheit erheben zu können, sie konnte keine unmittelbare Berührung der Gottheit mit dieser niederen Sphäre dulden. Wurde aber zugleich irgendwelche Verbindung verlangt, so bedurfte es der Zwischenstufen, so bedurfte es einer Vermittlung, diese konnte aber nicht tiefgreifender und wirksamer sein als in der Gestalt des Gottmenschen, der beide Naturen in sich verband.

Diese Lehre und Überzeugung wird uns später noch vielfach kritisch zu beschäftigen haben, zunächst ist ihre gewaltige Wirkung auf die Menschheit anzuerkennen. Eine weltumspannende Tat ward hier zugleich ein geschichtliches Ereignis, diese besondere Geschichte gewann damit einen Charakter metaphysischer Art und verkettete sich den letzten Tiefen der Wirklichkeit; das Leben aber gewann mit der Teilnahme an solchen Tiefen zugleich eine allem Zweifel unzugängliche Festigkeit. Denn wer konnte irgend noch zweifeln, wenn die Gottheit in Fleisch und Blut mitten unter uns erschienen war, wer konnte noch grübeln und fragen, ob die hier gebotene Rettung genüge? Die menschliche Natur aber ward durch die Verbindung der Gottheit mit ihr zu höchstem Adel erhoben, alle Kleinheit, Not und Schuld fiel von ihr ab, ja selbst der Tod verlor seine Macht über sie.

Und alle diese Größe und Seligkeit verdankte die Menschheit rettender Liebe, die auch die schwersten Leiden und das Dunkel des Todes nicht scheute.

Daß sich aber solche Menschliches und Göttliches, Zeit und Ewigkeit, sichtbare und unsichtbare Welt eng verflechtende Lebensgestaltung nicht ins Unfaßbare und Jenseitige verliere, dem wirkte sicher entgegen die Persönlichkeit und das Lebenswerk Jesu. Denn hier war alles in seelische Nähe und reine Menschlichkeit gewandt, die christliche Überzeugung von der weltbeherrschenden Macht der Liebe war verkörpert in einer Persönlichkeit, die durch die Verbindung von kindlicher Schlichtheit und Heldengröße, von äußerer Dürftigkeit und innerer Hoheit, von weichster Innigkeit und weltbewegender Kraft, von jugendlicher Freudigkeit und gewaltigem Ernst einen ergreifenden und nachhaltigen Eindruck auf die Menschheit gemacht hat und allen Bekennern des Christentums in anschaulichem Bilde nahebleibt. Wie verschieden ist dieses Bild mit der es durchflutenden Lebensfülle von dem der ostasiatischen Weisen mit ihrer ruhigen Güte und gelassenen Kontemplation! Dazu die Schicksale Jesu, welche das menschliche Gefühl unter schroffste Kontraste stellten von aufwühlendem Schmerz bis zu siegesgewisser Freudigkeit. Zugleich aber hob jene Überzeugung von der Menschwerdung Gottes in Jesus Christus diese Gestalt mit ihrem Leben und Leiden weit hinaus über das Maß einer bloßmenschlichen, wenn auch noch so hervorragenden Individualität; in jenem Zusammenhange wurde dies Leben zum Idealtypus alles Menschenlebens, alle einzelnen Züge in ihm gewannen eine vorbildliche Bedeutung, und es konnte diese Persönlichkeit mit ihren Kämpfen, Leiden und Siegen zum Mittelpunkt eines seelenvollen Kultus werden, ohne daß dieser einer Menschenvergötterung verfiel.

So hat die Verschmelzung der beiden Tatsachenkomplexe dem Christentum seine Gestalt gegeben; daß ein geschichtliches Vorgehen, ein Vorgehen innerhalb unseres Erfahrungskreises, zugleich eine metaphysische, weltumspannende Bedeutung hat, diese untrennbare Einigung von Geschichte und Metaphysik, das vornehmlich unterscheidet es von allen übrigen Religionen. Mag das kirchliche Dogma ausschließlich jene Weltwahrheiten vertreten und des näheren Inhalts des Lebens Jesu gar keine Erwähnung tun, dem christlichen Leben blieb jenes mit verjüngender Kraft stets gegenwärtig, mit seiner Hilfe fand es aus aller Verwicklung menschlicher Lagen immer wieder zu schlichter Einfalt und von aller Veräußerlichung zu reiner Innerlichkeit zurück, immerfort konnte es schöpfen aus

„Der reinen reichen Quelle,
Die nun dorther sich ergießet,
Überflüssig, ewig helle
Rings durch alle Welten fließet". (Goethe)

6. Die Welt des Christentums erscheint ganz und gar als von Gott dem Menschen mitgeteilt, dieser hat hier nur zu empfangen, und es wird aufs strengste ferngehalten, was die großen Wendungen von ihm abhängig macht. Aber nachdem das Reich Gottes in der Menschheit und den Seelen begründet ist, erhält die Menschheit in ihrer Verbindung eine große Aufgabe darin, die eröffnete Wahrheit festzuhalten und überallhin zu

verkünden, sie voll zur Wirkung zu bringen und mit ihr alle Verhältnisse zu durchdringen. Diese Aufgabe erhält einen besonderen Charakter dadurch, daß nach christlicher Überzeugung die Menschheit der göttlichen Offenbarung keineswegs einfach zufällt, sondern daß sich in ihr harter Widerstand findet, und daß daher das Christentum bei aller innerer Überlegenheit unablässig zu kämpfen hat. Daher bedarf es notwendig der Bildung eines eigentümlichen Lebenskreises, der das christliche Ideal allen Hemmungen und Angriffen gegenüber tapfer aufrecht erhält. Damit wird die religiöse Gemeinschaft, die Kirche, als die Hüterin und Verfechterin der heiligen Güter, ein Hauptstück der christlichen Überzeugung. Gegenüber den Notwendigkeiten des äußeren Lebens, den Forderungen der natürlichen und sozialen Selbsterhaltung, hält sie ihm ein wesentlich höheres Sein, ein ewiges Leben, in wirksamer Gegenwart vor und verlangt dafür seine Kraft wie seine Gesinnung. Wie sie vom Geist Gottes geleitet wird, so darf in dem Zusammenhang mit ihr der Mensch sich als ein Mitarbeiter am Reiche Gottes fühlen. Aber so gewiß damit auch das irdische Leben eine große Aufgabe gewinnt, es gewinnt sie nur im Licht einer übersinnlichen Welt. Und so kann sich auch das Streben und Hoffen nie in die gegenwärtige Welt erschöpfen, über ihre Unvollkommenheit treibt ein tiefes Sehnen hinaus, und freudige Hoffnung läßt einen Stand der Vollkommenheit voraus erleben, wo das Böse völlig überwunden und der Zweifel völlig getilgt ist. Auch solche Erhebung über diese Welt, solche Erwartung einer neuen Welt, gehört wesentlich zum Christentum.

Überblicken wir die Stufen, in denen sich uns das Christentum darstellte, und fassen wir zusammen, was sich dabei an eigentümlicher Art und Kraft ergab, so müssen wir unbedingt eine hervorragende, ja eine einzigartige Größe in ihm anerkennen. Allgemeine und besondere Züge wirken zusammen und verbinden sich zu einem geschlossenen Ganzen. Das Allgemeine gibt eine weltumspannende Weite, das Besondere eine feste Konzentration. Das Ganze will keineswegs eine vorhandene Welt nur deuten, klären, verbessern, es ist nicht ein System bloßer Lehren und Begriffe, sondern es bringt eine Weiterbildung der Wirklichkeit, es eröffnet einen Strom von neuer Tatsächlichkeit. So hat es dem Menschen nicht nur dieses oder jenes an neuem gebracht, vorhandene Kräfte nur weiterentwickelt, sondern es hat im Ganzen seines Seins neues aus ihm gemacht, ihn auf eine neue Höhe gehoben. Bei solcher Beschaffenheit kann das Christentum auch seinen Beweis an erster Stelle nur in seiner Leistung suchen, nicht durch Zurückführung seiner Behauptungen auf allgemeine Vernunftwahrheiten; wie es sich aus eigenem Vermögen eine Gedankenwelt schuf, so muß es sie auch ohne fremde Hilfe aufrecht erhalten, es ist stolz auf solche Selbständigkeit. Ja mit seiner Begründung der Wirklichkeit auf freies Wollen und Tun hat es unvermeidlich eine Irrationalität, in rationale Gleichungen läßt es sich nun und nimmer zwängen. Solche Irrationalität bedeutet ihm freilich etwas anderes als bare Unvernunft. So entwickelt das Christentum für seine Wahrheiten ein besonderes Organ am Menschen, es setzt dem Wissen den Glauben entgegen, einen Begriff, bei dem freilich mehr das Nein als das Ja ersichtlich ist, und dessen nähere Fassung größte Schwierigkeit macht.

Beim Inhalt ist die Hauptsache die Bildung einer Welt reiner Innerlichkeit aus dem Verhältnis von Geist zu Geist, von Persönlichkeit zu Persönlichkeit; mit der Bildung dieser Welt überschreitet das Christentum nicht nur alle natürliche und gesellschaftliche Selbsterhaltung, sondern auch alle und jede Kulturarbeit, gibt es der Wirklichkeit allererst eine Tiefe, in der sie sicher ruht, setzt es das, was bisher dem Menschen das Ganze seiner Welt war, zu einem bloßen Teil, ja zu einer Außenseite herab. Es ist ein arges Mißverständnis, die neue Welt des Christentums vornehmlich als ein Jenseits zu verstehen, da sie vielmehr den festen Grund alles Lebens bilden soll. Freilich reicht diese Welt über den Kreis der Erfahrung hinaus und kann nicht in ihm das Ziel ihres Strebens finden, aber solche Überlegenheit hat sie von vornherein, und die Ewigkeit, die sie verkündet, ist auch hier schon in kräftiger Wirkung.

Mit solcher Erringung reiner und selbständiger Innerlichkeit steht aber in engem Zusammenhange das Vermögen, die Gegensätze des menschlichen Lebens in weitestem Umfange aufzunehmen und sie gründlich zu überwinden ohne sie irgendwie abzuschwächen: Menschliches und Göttliches, Zeit und Ewigkeit, Freude und Schmerz, Weltcharakter des Lebens und schlichter Kindersinn, friedvolle Ruhe im Grunde und ungeheuere Erregung im Kampf mit der Welt. Eben solches Umspannen der Gegensätze gibt dem Christentum eine innere Weite und Tiefe, macht es zum Ganzen einer Wirklichkeit. Mit dieser Tiefe verglichen mögen alle andern Religionen als bloße Flächenansichten erscheinen.

Solches Aufnehmen und Überwinden der Kontraste erscheint vor allem im Verhalten des Christentums zum Problem der Lebensbejahung und Lebensverneinung. Eine unmittelbare Lebensbejahung liegt dem Christentum so fern wie nur möglich, es hat nicht nur durch seine seelische Weichheit das Leid stärker empfinden lassen, es hat es selbst durch sein Voranstellen der Schuld noch weiter gesteigert, den Schmerz noch tiefer ins Innere verlegt. Von einem leichten Abschütteln kann hier nicht die Rede sein. Aber indem das Christentum das Leid in das Innere seines Lebens aufnimmt, wird es ihm der Weg des Durchdringens zu einem freudigen Ja, zu einem Stande der Vollkommenheit und Seligkeit, so können die Leidtragenden selig gepriesen werden. Ja, es erfährt dadurch eine Heiligung, daß Gott selbst an seiner ganzen Bitterkeit teilnimmt, und daß er der Seele im Leide besonders nahe ist. Daher verschwindet es auch mit der inneren Überwindung nicht, sondern es bleibt dem Leben gegenwärtig und hat es immer von neuem auf seine Tiefe zu führen. Aber wie das Christentum als frohe Botschaft (εὐαγγέλιον) zu den Menschen kam, so ist seine Grundstimmung schließlich doch die der Freudigkeit, einer Freudigkeit freilich, welche die Kämpfe und Nöte des Lebens durchgemacht hat und ihnen überlegen geworden ist. So verbindet die Welt des Christentums eine grundlegende, kämpfende und überwindende Geistigkeit; helles Licht inmitten tiefen Dunkels, tapferes Vordringen inmitten einer feindlichen Welt, das ist seine Signatur. „Das ist die geistige

Macht, welche herrscht inmitten der Feinde und gewaltig ist in aller Unterdrückung. Dies aber ist nichts anderes, als daß die Kraft in der Schwachheit vollendet wird, und daß ich in allen Dingen am Heil gewinnen kann, so daß Kreuz und Tod gezwungen werden mir zu dienen und zum Heile mitzuwirken" (Luther).

Was immer das Leben durch solche Bewegung an Vertiefung und Erneuerung empfängt, das soll auch jedes einzelnen Menschen volles Eigentum werden. Die großen Heilstatsachen sind auch für ihn geschehen, als ein Gegenstand göttlicher Liebe und Sorge kann er nicht mehr einsam und verlassen, sein Tun nicht mehr gleichgültig und verloren sein. Und bei solchem Getragenwerden von der Flut unendlicher Liebe können die einzelnen Lebenskreise nicht mehr in starrer Abgeschlossenheit und innerer Gleichgültigkeit nebeneinanderstehen, wie das sonst unvermeidlich ist, sondern in Durchbrechung aller Scheidewände eröffnet sich ein gegenseitiges Verstehen, ein Leben für und miteinander, eine gründliche Befreiung vom kleinen Ich. Zugleich kann nicht mehr nach antiker Art die Gerechtigkeit das Leben und Handeln beherrschen, die Gerechtigkeit, die nach den Leistungen zumißt und jeden nach seinem Verdienste lohnt, die den Starken hebt und den Schwachen herabdrückt. Denn jetzt ist ohne alles eigne Verdienst der Mensch aus unsäglicher Not gerettet und zu unendlicher Seligkeit berufen; wie die göttliche Liebe kein Wägen und Abmessen kennt, so soll auch der Mensch im Verhältnis zum Menschen aus göttlicher Kraft eine unbemessene Liebe erweisen, ohne nach einem Verdienst oder nach Lohn zu fragen.

Daß es dem Christentum bei solcher seelischen Weichheit nicht an Kraft nach außen gebricht, daß es den Gesamtstand der Menschheit wesentlich verändert hat, das zeigt die Geschichte unwidersprechlich. Das Christentum hat beim Ausgang des Altertums, namentlich seit Beginn des 3. Jahrhunderts, einer müden und verzweifelnden Menschheit einen festen Halt gegeben und ihr neuen Lebensmut eingeflößt, es hat neue Völker geistig herangebildet, es hat auf der Höhe des Mittelalters einen alle Gebiete umfassenden Lebenszusammenhang hergestellt, es hat in der Neuzeit gegenüber einer andersgerichteten Kultur eine seelische Tiefe und hohe ethische Ziele gegenwärtig gehalten und jene damit fruchtbar ergänzt, es bildet mit dem allen auch auf dem Boden der Geschichte eine gewaltige Tatsächlichkeit, die sich sowohl in das Ganze des menschlichen Zusammenseins als in die Seele des Einzelnen aufs Tiefste eingesenkt hat, die darin eine sichere Überlegenheit gegen allen Wandel von Meinung und Stimmung besitzt.

Dabei sei nicht geleugnet, daß die Geschichte des Christentums von außen her angesehen sich oft recht unerquicklich ausnimmt. Wir hören von Kämpfen zwischen Kirche und Staat, von Streitigkeiten zwischen den Kirchen und innerhalb der einzelnen Kirchen, von Glaubensgerichten und Ketzerverfolgungen, von Herrschsucht, Eigennutz, Heuchelei. Das Ganze kann wie eine Karikatur des Christentums erscheinen, und die harten Urteile, wie sie z. B. auch ein Goethe fällte („Es ist die ganze Kirchengeschichte Mischmasch von Irrtum und Gewalt"), erklären sich daraus zur Genüge. Und doch tun sie der Sache Unrecht. Denn sie beachten nur, was nach außen hervortritt, nicht was im Innern vorgeht. So kommt dabei nicht zur Geltung, was das Christentum den Seelen an Halt und Frieden bot, nicht was es an Kraft und an Freudigkeit inmitten der Hemmungen und Nöte des menschlichen Daseins erzeugte, nicht was es zur Erschließung der Tiefen des Seelenlebens und zur inneren Verbindung der Menschheit gewirkt hat. Wie viel es in dem allen war, und wie viel echtes, von lauterer Wahrhaftigkeit getragenes Leben ihm entsprang, das zeigt klar und greifbar die christliche Kunst. Erhabene Dome wie seelenvolle Bilder, die religiöse Poesie und die religiöse Musik, sie alle zeigen im Bunde, daß das Christentum die Menschen nicht nur von außen her berührte und ihnen nicht bloß von draußen her auferlegt wurde, sondern daß es ihre Seelen gewann und sie aus voller und freier Überzeugung ihm dienen ließ. So blieb es trotz aller Verdunklung und Entstellung, die in menschlichen Verhältnissen unvermeidlich ist, eine überlegene Lebensmacht, die Trägerin einer neuen Welt, eine Beherrscherin der Seelen und von da aus aller menschlichen Dinge.

II. Was widerspricht in der Neuzeit dem Christentum?

Geschlechter, Völker, Zeiten kamen und gingen, neue Lagen traten ein, neue Aufgaben entstanden; das Christentum bewahrte, oft in geschickter Anpassung, seine Überlegenheit, es schien ein auf unerschütterlichem Fundamente gegründeter Turm, dem alle Stürme nichts anhaben könnten. Und doch ist auch für es der Zeitpunkt gekommen, wo es in den Stand der Verteidigung gedrängt wird, und wo seine Grundlagen wanken. Sehen wir, wie das kam, und wie es zu verstehen ist.

Das Christentum brachte der Menschheit nicht bloße Lehren von der Welt, sondern ein großes Tatsachenreich, ein solches ist allem Räsonnement, aller Laune und Stimmung überlegen. Aber es ist nicht gesagt, daß ihm die Anziehungskraft und die Überlegenheit, die es in der Zeit seines Aufstrebens hatte, für alle Zeiten verbleibe. Die vom Christentum vertretene Tatsächlichkeit ist geistiger Art, eine solche drängt sich dem Menschen nicht zwingend von außen her auf, sondern für sie ist das Auge erst zu schärfen, die Aufmerksamkeit zu gewinnen, eine Annäherung herzustellen. Dazu aber bedarf es eines entgegenkommenden Verlangens der Menschheit, es muß das Ganze des Lebens sich zu einer Frage gestalten, deren Beantwortung dann die Religion verheißt. Später aber kann die Menschheit von anderen Problemen stärker angezogen werden und ihre Aufmerksamkeit nach anderer Richtung lenken; darüber mag die Religion ihr ferner rücken, an Überzeugungskraft verlieren, dem Zweifel mehr Zugang gewähren.

Aber nicht nur unser Verhältnis zu den Tatsachen, auch ihre eigne Stellung im Ganzen des Lebens mag der Lauf der Zeit verschieben. Die Tatsächlichkeit, welche einer Religion wie dem Christentum zugrunde liegt, will nicht eine neben anderen, sondern sie will die wichtigste und allesbeherrschende sein, sie will allen übrigen Lebensbestand von sich aus deuten und schätzen, ihn in ihrer Beleuchtung sehen, ihren Zwecken unterwerfen. Das war von Anfang an ein schweres Ding, und es hatte das Christentum hier harte Kämpfe zu führen. Aber es hat die Aufgabe festgehalten, und es ist auf der Höhe des Mittelalters zu einer Lebensordnung, einer allumfassenden Synthese gelangt, welche der Religion die ganze Welt des Menschen unterwarf. Im weiteren Verlauf aber können neue Tatsachen erscheinen und sich geltend machen, die sich jener religiösen Ordnung nicht so leicht fügen, ja die ihr innerlich widersprechen. Die Sache mag so lange wenig gefährlich sein, als das Neue sich in einzelne Erscheinungen zerstreut und im Hintergrunde des Lebens verbleibt; je mehr es sich aber zusammenfaßt und an Selbständigkeit gewinnt, desto deutlicher wird es zum Gegner des überkommenen Standes; es entsteht ein Kampf der Gedankenmassen, die Einheit des Lebens wird zersprengt, und was bisher eine sichere Herrschaft übte, wird nunmehr angehalten, vor einem anderen Forum Rechenschaft abzulegen, wobei leicht auch eine innere Umwandlung eintreten wird. Die naive Hingebung weicht alsdann einem kritischen Verhalten, der Mensch betrachtet die Dinge jetzt mit geschärftem Blick, er stellt Fragen, an die früher niemand dachte, er entdeckt Widersprüche, wo man bis dahin nur gegenseitige Ergänzungen sah; kurz was vorher eine sichere Antwort schien, das wird nunmehr selbst zur Frage.

Das alles erhält beim Christentum eine eigentümliche Gestalt und eine weitere Verschärfung dadurch, daß seinen Kern die Verschmelzung einer innergeschichtlichen Tatsache mit einem metaphysischen, in die Ewigkeit reichenden Vorgange bildet; diese Verschmelzung sollte als Mittelpunkt alles Weltgeschehen beherrschen. Wird sich solche Verbindung von Geschichte und Ewigkeit dauernd festhalten lassen, wird im Fortgang des Lebens und bei Erweiterung aller Begriffe nicht jene Verbindung sich lockern und lösen, die bloßgeschichtliche Tatsache aber unfähig werden, den ganzen Aufbau der geistigen Welt zu tragen? Über diese Fragen kann nur die weltgeschichtliche Erfahrung entscheiden, sie scheint aber verneinend entschieden zu haben.

Was bis zu Beginn der Neuzeit an Wandlung und Verwicklung entstand, das schien seine Erledigung innerhalb des Christentums finden zu können, das gefährdete nicht seine Herrscherstellung. Anders aber wurde das, als das Ganze des Lebens eine neue Richtung einschlug, die wenn auch langsam, so doch mehr und mehr mit dem Christentum feindlich zusammenstieß; dies eben ist es aber, was die Neuzeit zu einer eigentümlichen Epoche stempelt und sie vom überkommenen Stande abhebt. Das Unterscheidende dieser neuen Art wird uns weiter zu beschäftigen haben; an dieser Stelle sei nur an zwei Punkten gezeigt, wie der Hauptzug des Lebens umschlug.

Das Christentum entwickelte seine Welt im Gegensatze zum nächsten Dasein, aus dem entschiedenen Bruch mit diesem zog es ein gutes Stück seiner Kraft. Der Neuzeit aber hat jenes Dasein immer mehr Wert gewonnen, und es hat immer mehr Arbeit an sich gezogen, es ist ihr immer mehr zu ihrer Hauptwelt geworden. Die Bewegung hat in dieser Richtung verschiedene Stufen durchlaufen: gegenüber der alten Entgegensetzung von Gott und Welt ging das Streben zunächst dahin, das Göttliche mehr innerhalb der Welt aufzusuchen, ihre

Lebensfülle und Schönheit als einen Abglanz göttlicher Herrlichkeit zu verstehen; das ist der Panentheismus, der das künstlerische Schaffen der Renaissance beherrscht. Dann legte das Göttliche mehr und mehr alle weltüberlegene Hoheit ab und verband sich mit der Welt zu einer einzigen Wirklichkeit; so im Pantheismus, der das Schaffen großer Dichter und Denker beseelte und ein mächtiger Antrieb wurde, die Welt enger zusammenzuschließen, in ihr mehr eignes Leben, mehr Ordnung und Schönheit zu entdecken, der dabei zuerst mehr die Welt in Gott, dann aber Gott in der Welt sah. Schließlich aber wurde alles, was der Mannigfaltigkeit der Dinge eine innere Einheit zugrunde legt, als bloßmenschliche Einbildung ausgetrieben und alles Geschehen lediglich in ein Nebeneinander der einzelnen Elemente verwandelt; so im Positivismus und Agnostizismus, der den Bedürfnissen der Naturwissenschaft und der Technik vollauf genügt. Es sind augenscheinlich nicht bloße Meinungen und Deutungen, es sind Leistungen und Lebenswandlungen, welche dieser nächsten Welt mehr und mehr Gehalt verleihen und sie dem Menschen auch geistig zur Heimat machen.

Den inneren Bestand des Lebens berührt aber noch tiefer eine der Neuzeit eigentümliche Wandlung im innern Verhältnis des Menschen zur Welt. Die ältere Denkweise sah ihn in engem Zusammenhange mit der großen Wirklichkeit, der Mikrokosmos hing ganz und gar am Makrokosmos, das Weltleben war im Menschen unmittelbar gegenwärtig; so durfte er, was in ihm vorging, unbedenklich als einen Ausdruck oder ein Abbild jenes verstehen. Zur Auflösung dieses Zusammenhanges wirkte das Christentum selbst mit der Ausbildung einer weltüberlegenen, bei sich selbst befindlichen Innerlichkeit, aber erst die Neuzeit mit ihrer Verstärkung der Persönlichkeit und der Energie ihrer Selbstbesinnung brachte zur vollen Geltung, daß für den Menschen der Mensch das Erste ist, und daß die Hauptbewegung des Lebens nicht vom Weltall zum Menschen, sondern vom Menschen zum Weltall geht. Zugleich wird klar, daß die Welt dem Menschen nicht einfach zufällt, sondern daß seine eigne Tätigkeit ihm den Weg zu ihr zu bahnen und sie ihm aufzubauen hat. Damit wird die geistige Arbeit, im besondern die Denktätigkeit, zum Träger aller Wirklichkeit, sie ist es, nicht der sinnliche Eindruck, der uns aller Tatsächlichkeit zu versichern hat. Das bringt uns aus einem naiven in ein kritisches Verhältnis zu allem, was dargeboten wird und unsere Anerkennung fordert, denn nun hat sich alles jener Tätigkeit zu erweisen und ihre Prüfung zu bestehen. Im besondern wird das auch unser Verhältnis zur Geschichte verändern, das gerade für das Christentum von größter Bedeutung ist. Denn nun läßt sich nicht mehr getrost und gutgläubig alles hinnehmen, was die Überlieferung uns zuführt, auch von ihm wird genaue Rechtfertigung verlangt, und solche schärfere Prüfung mag manches als unecht oder doch als ungewiß dartun, worüber früher nicht der geringste Zweifel kam; nicht minder aber wird es zur dringenden Frage, ob etwas, das den Forderungen einer besonderen Zeit entsprach, fähig sei, über diese Zeit hinaus und zu allen Zeiten zu wirken, ob es nicht allmählich verblassen und an Kraft abnehmen werde.

Was sich in dieser Hinsicht an inneren Wandlungen vollzieht, das braucht zunächst keine Spitze gegen die Religion zu richten, das kann ihren Bestand zunächst ganz unangetastet lassen. Aber die Wandlung der Denkweise, die es einführt, muß schließlich auch die Religion ergreifen, und es mögen dann auch bei ihr starke Veränderungen unabweisbar werden, da sie nunmehr bloße Folgerungen unbestreitbarer Wahrheiten dünken. Das eben gibt der Gegenbewegung ihre unwiderstehliche Kraft, daß sie keineswegs bloß einzelne Ergebnisse bekämpft, sondern die gesamte Denkweise umgestaltet; das geht mit wunderbarer, meist versteckter Macht durch die Zeit, und es kann sich ihr niemand entziehen, der an der geistigen Arbeit teilnimmt.

Es setzt aber die Bewegung gegen das Christentum am stärksten bei den ihm eigentümlichen Zügen ein und dringt von da aus erst allmählich zu den allgemeinen Wahrheiten vor. So müssen wir die oben verfolgte Stufenfolge hier in umgekehrter Ordnung durchlaufen.

1. Schon innerhalb des Christentums entbrennt ein Kampf über die Stellung der Kirche und ihren Anspruch auf Herrschaft über das ganze Leben des Menschen. Verschiedenes wirkte dabei zusammen. Zunächst hat sich von Anfang an der Staat nicht willig in die gebotene Unterwerfung gefügt, sondern das ganze Mittelalter hindurch einen Kampf für seine Selbständigkeit geführt, er ist des Rechtes dieser Selbständigkeit um so sicherer geworden, je mehr er in der Neuzeit als Kulturstaat die geistigen Aufgaben an sich nahm und sie unabhängig von der religiösen Zuspitzung förderte. Auch zwischen der Kirche und dem Individuum bestand von vornherein

eine Spannung: die Ursprünglichkeit und die Innerlichkeit des individuellen Seelenlebens konnte Schaden erleiden, wenn die Kirche zum ausschließlichen Träger der Wahrheit und zum moralischen Gewissen der Menschheit wurde; dieses Problem wurde brennend, sobald mit Beginn der Neuzeit der frischere Lebensmut neuer Völker dem Individuum ein stärkeres Bewußtsein seiner Selbständigkeit und seines Selbstwerts gab. Endlich aber erwuchsen auch dem Geistesleben selbst aus jener Herrscherstellung der Kirche nicht geringe Gefahren: nach der religiösen Seite, indem die Kirche zwischen Gott und die Seele trat und die jenem gebührende Verehrung für sich selbst in Anspruch nahm, nach der moralischen Seite, indem die Leistung für die Kirche, Devotion, Zeremonien und Opferdienst, leicht das schlicht-moralische Handeln als nebensächlich erscheinen ließ, ja die Zwecke der Kirche wohl gar ein Handeln gegen die moralische Ordnung rechtfertigen zu können schienen.

Die Reformation hat alle diese Widerstände zu vereinter Wirkung zusammengefaßt, sie ist von weltgeschichtlicher Bedeutung nicht sowohl durch die Veränderung der Lehren als durch die Wandlung des Lebens, durch die stärkere Hervorkehrung des ethischpersönlichen, unmittelbar zu erlebenden Kernes des Christentums, durch die kräftigere Entwicklung des unmittelbaren Verhältnisses der Seele zu Gott. Aber sie war zugleich eine Auflösung des alten Systems und eine Preisgebung einer allumfassenden Lebenseinheit. Sie ist im Recht, wenn sie einen Beginn, im Unrecht, wenn sie den letzten Abschluß bedeuten will.

Es konnte sich aber die Kritik nicht gegen die Stellung

der Kirche wenden, ohne auch ihr historisches Recht zu prüfen; dabei erwies sich bald eine große Unsicherheit der Fundamente, die den Anhängern felsenfest dünkten. Einmal wurde jedem Unbefangenen klar, daß die Kirche jene Herrscherstellung nicht von Anfang an inne hatte, sondern sie erst allmählich gewonnen hat; vor allem aber verfiel ihre göttliche Einsetzung dem allerstärksten Zweifel. Immer klarer erhellte, wie unsicher die Überlieferung der Worte Jesu ist, worauf sie sich beruft, und wie nahe die Vermutung liegt, daß jene erst unter dem Einfluß der werdenden Kirche Jesu beigelegt sind, daß es also lediglich das Selbstzeugnis der Kirche ist, das ihr jene überlegene Stellung verleiht. Die Aufdeckung eines solchen Zirkels in der Beweisführung zerstört aber alle ihre Kraft, es sei denn, man wolle sich die frivole Denkweise aneignen, welche verlangt, daß der Glaube auch die Geschichte besiege, d. h. daß geschichtliche Tatsachen geleugnet oder verändert werden, wenn es das Interesse der Kirche verlangt.

2. Aber der Angriff auf die Stellung der Kirche kann das Zentraldogma des Christentums von der Menschwerdung Gottes unangetastet lassen, die Reformatoren sind nicht minder entschieden als die alte Kirche dafür eingetreten. Auch dieses Dogma aber stellt sich schon der historischen Forschung in veränderter Beleuchtung dar. Denn sie zeigt, daß auch dieses der Menschheit keineswegs fertig zuging, sondern daß es sich erst allmählich, wenn auch in früher Zeit gebildet hat, und daß bei dieser Bildung besondere Vorstellungen und Bedürfnisse jener Zeit stark mit im Spiele waren. Die Vergleichung mit der Anfangszeit bringt aber deutlich

zum Bewußtsein, wie sehr die Jahrhunderte bei diesem Problem die geistige Lage verschoben haben, und wie vieles unserer Denkweise schnurstracks entgegenläuft, was damals keinen Anstoß bot, ja unentbehrlich dünkte.

Die Lehre, daß Gott an einem besonderen Punkte der Geschichte menschliche Gestalt annehme, daß eine Person zugleich wahrhaftiger Gott und wahrhaftiger Mensch sei, enthält Begriffe von Gott und dem Menschen, gegen die sich nicht nur das wissenschaftliche Denken, sondern auch die religiöse Überzeugung des modernen Menschen auflehnt und auflehnen muß. Unsere Begriffe von der Gottheit sind größer und weiter geworden, am Menschen aber erkennen wir viel zu sehr eine Bedingtheit, Begrenztheit und Gebundenheit, als daß wir jene unmittelbare Vereinigung von Wesen zu Wesen ertragen könnten. Auch läßt sich jenes Zusammentreffen von Gottheit und Menschheit in einer Person, zweier Wesenheiten in Einem Leben in keiner Weise näher bestimmen, ohne daß das Gleichgewicht verloren geht und die eine Seite die andere zurückdrängt, ja vernichtet. Entweder zerstört der wahrhaftige Gott den wahrhaftigen Menschen und macht das Menschentum zu einem bloßen Schein, oder es zerstört der wahrhaftige Mensch den wahrhaftigen Gott und versteht die Göttlichkeit bloß als eine Erhöhung der Menschlichkeit. Die Kirche konnte die Einheit beider Naturen wohl dekretieren, aber sie machte sie damit nicht denkbar und gab ihr keine Lebenskraft. Auch wer sich aller prinzipiellen Fragen enthält, sieht leicht, daß ein Menschenleben, das mit dem Bewußtsein göttlichen Wesens und göttlicher Würde bekleidet wäre, die Sorgen und Nöte des menschlichen Daseins nicht vollauf teilen könnte, es wüßte nichts von dem Schwersten, was dem Menschen auferlegt ist, von seinem Suchen und Irren, seinem Zweifel und seiner Unsicherheit, dem scheinbaren Verlorensein seines Tuns in einer undurchsichtigen Welt. Ein Gott, der völlig sicher weiß, daß er seine Gottheit bald voll wieder aufnehmen wird, der zugleich weiß, daß sein Niedersteigen zur Menschheit und sein Aufsichnehmen ihres Leides ihr für alle Zeiten Heil gewinnt, der teilt die ganze Schwere des menschlichen Geschickes ebenso wenig, wie ein Fürst die Sorgen der Armut, wenn er zeitweilig ihr Gewand und ihre Beschäftigung teilt.

Weiter findet auch das sühnende, stellvertretende Leiden bei uns Neueren Anstoß und Widerspruch. Nicht als ob wir die darin waltende Tiefe der ethischen Gesinnung irgend verkennten und unterschätzten; die Grundgedanken von dem Ernst der sittlichen Ordnung, von der heilenden Macht einer selbstlosen Liebe und von ihrer Bewährung wie ihrem Wachstum durch Not und Leid hindurch, sie können auch der Neuzeit in höchster Verehrung bleiben. Aber etwas anderes ist die Formel, in die hier das Problem gezwängt, und die mit bindender Kraft der Menschheit aufgelegt wird. Unmöglich ist jetzt unserer wissenschaftlichen und mehr noch unserer religiösen Denkart die Vorstellung von dem über unsere Sünden erzürnten Gott, der das Opferblut seines Sohnes verlangt und erst dadurch wieder der Menschheit zu einem gnädigen Gotte wird. Nicht minder erregt der Gedanke des Mittleramts und der Stellvertretung bei uns schwerste Bedenken; die ältere Zeit sah in dem Mittlergedanken den unerläßlichen Weg einer Annäherung an Gott, den sie der Welt so fern wie nur möglich rückte, wir Neueren suchen vielmehr eine unmittelbare Beziehung zu Gott und sehen in jenem Gedanken mehr eine Scheidung als eine Verbindung. Wir müssen mit größtem Nachdruck auf dem Gedanken bestehen, daß das religiöse Leben nur ein einziges allesbeherrschendes Grundverhältnis haben kann und haben muß, daß daher alle göttliche Verehrung des Mittlers die Verehrung Gottes einengt und schädigt, das göttliche Wesen für den Menschen in den Hintergrund drängt. So ist es die religiöse Überzeugung selbst, welche sich gegen den Mittlergedanken wendet, als gegen eine der Lage einer besonderen Zeit entsprungene, für die Dauer unhaltbare Gestaltung des Erlösungsgedankens, welcher der Religion allerdings unentbehrlich ist.

Beachten wir ferner die große Rolle, die bei jener Lehre von der Vermittlung und Stellvertretung das Opferblut hat, so wird unverkennbar, daß dieser ganzen Vorstellungsweise bei aller Innigkeit des sie durchdringenden Gefühls einer anderen, kindlicheren und bildlicheren Stufe der geistigen Entwicklung angehört, als wir sie heute nach den Erfahrungen und Kämpfen der Jahrtausende besitzen; uns droht damit anthropomorph und mythologisch zu werden, was früher ein angemessener Ausdruck göttlicher Wahrheit dünkte. Und keine Macht der Welt kann uns zwingen etwas als religiös zu verehren, was wir als mythologisch durchschauen.

Fällt oder wankt aber dies Zentraldogma von der Menschwerdung Gottes, so verlieren alle Unterscheidungslehren des Christentums ihre Wurzel und ihren Zusammenhang, der ganze zweite Artikel schwebt dann haltlos in der Luft. Der menschgewordene Sohn Gottes bedurfte einer wunderbaren, der menschlichen Unzulänglichkeit entzogenen Geburt, er mußte zur Hölle niederfahren, um zu den abgeschiedenen Geistern zu wirken, er mußte leiblich auferstehen und leiblich gen Himmel fahren, um von dort zum Weltgericht wiederzukommen. Jeder einzelne dieser Punkte war der älteren Vorstellung unentbehrlich, aber was wird aus ihnen allen, wenn der sie tragende Grund ins Wanken gerät? Und dabei sei nicht vergessen: jene Lehren sind dem Christentum nicht Sätze, die man nebenbei hinnehmen und sich gefallen lassen könnte, sondern sie sind ihm wesentliche Bestandteile seines allerwichtigsten Glaubensartikels, sie gehören zu dem, was dem Menschen Halt und Trost für Leben und Sterben gewähren soll. Sind sie das noch dem heutigen Christentum, sind es z. B. die jungfräuliche Geburt oder die Höllen- und die Himmelfahrt?

Von der Erschütterung dieses Komplexes metaphysischer Behauptungen flüchtete das moderne Christentum gern zu dem anderen, der, als innerhalb der Geschichte gelegen, so viel näher und einfacher ist, so viel unbestreitbarer schien, zu der Persönlichkeit und zum Lebenswerk Jesu, zu seiner Lehre vom nahen Reiche Gottes und von der Gotteskindschaft des Menschen. Die hinreißende Kraft und Frische, die wunderbare Innigkeit, die kindlich-freudige Zuversicht dieser Verkündigung schienen in ihrer reinen Menschlichkeit und in ihrer Fernhaltung aller dogmatischen Zutat einen vollen Ersatz für die Erschütterung der metaphysischen Überzeugung zu bieten. Allerdings stoßen wir auch hier auf Bedenken der geschichtlichen Kritik. Es läßt sich heute nicht daran zweifeln, daß in die Berichte von Jesus viel Späteres eingeflossen ist, daß wir sein Bild nicht in seinem reinen Bestande, sondern zum guten Teil durch die Überzeugung und Verehrung der nächstfolgenden Zeiten hindurch erblicken. Nun meinen wir freilich, daß auch die schärfste Kritik einen Kern reinmenschlichen Wesens unberührt lassen muß, in seiner unvergleichlichen Eigentümlichkeit und in seiner Fülle neuer Eröffnungen ließ er sich nicht wohl nachträglich erfinden und aus Stücken zusammensetzen, man muß keinen Sinn für das haben, was einen schöpferischen Geist ausmacht, um jenes leugnen zu können; mit gutem Recht ward daher gesagt: „Wer in der synoptischen Grundlage nicht ganz individuelles Leben zu spüren vermag, der ist für historische Forschung auf diesem Gebiete verloren" (Wendland). Freuen wir uns also jenes Lebens als eines kostbaren Besitzes der Menschheit, als einer unversieglichen Quelle echter Kraft und Gesinnung. Aber kann jene Persönlichkeit die zentrale, die normierende und beherrschende Stellung bewahren, welche das kirchliche Christentum ihr zuweist, nachdem die metaphysischen Grundlagen ins Wanken geraten sind? Jene Stellung begründete sich doch auf dem einzigartigen Verhältnis zu Gott, wie es aus der Zugehörigkeit zum göttlichen Wesen hervorging, nur von hier aus kann diese Persönlichkeit als unbedingter Herr und Meister gelten, dem sich alle Zeiten zu beugen haben. So gewiß auch darüber hinaus jene Gestalt eine wunderbare Größe behält, diese Größe liegt jetzt innerhalb des menschlichen Bereiches, und was sie an neuem, an göttlichem Leben zum Durchbruch brachte, das muß in uns allen angelegt sein und unser aller Besitz werden können.

Wir sehen dann nicht mehr in dieser Gestalt den Normaltypus menschlichen Lebens, der für alle gelten soll, sondern eine unvergleichliche Individualität, die sich nicht einfach nachahmen läßt. Jedenfalls kann so verstanden jene Gestalt in aller hohen und reinen Menschlichkeit nicht mehr ein Gegenstand des Glaubens und göttlicher Verehrung sein. Aller Versuch, sich hier in eine Mittelstellung zu flüchten, scheitert an einem unerbittlichen Entweder—Oder. Zwischen Mensch und Gott gibt es kein Mittelding, denn in den Heroenkult werden wir nicht zurücksinken wollen. Ist Jesus also nicht Gott, Christus nicht die zweite Person der Dreieinigkeit, so ist er Mensch, nicht Mensch wie jeder beliebige von uns, aber doch Mensch, so können wir ihn als einen Führer, einen Helden, einen Märtyrer verehren, aber wir können uns nicht schlechthin an ihn binden, bei ihm festlegen, ihm unbedingt unterwerfen. Noch weniger können, dürfen wir alsdann ihn in den Mittelpunkt eines Kultus stellen, denn das wäre jetzt nichts anderes als eine unerträgliche Menschenvergötterung.

Zugleich aber entsteht notwendig die Frage, ob was nach jener Wendung an geschichtlichem Bestande und an menschlicher Größe verbleibt, stark genug sei, um den Gesamtbau einer Religion zu tragen, ob es Tatsächlichkeit genug besitze, um dem menschlichen Leben Halt und Schutz gegen alle Zweifel und Nöte zu gewähren, ihm eine neue Welt zu sichern. Das Geschichtliche hatte eine Weltbedeutung, solange es dem Metaphysischen aufs engste verbunden war; kann es jene behalten, nachdem die Verbindung aufgelöst ist?

3. Wenn demnach der zweite Tatsachenkomplex keinen

Ersatz für die Erschütterung des ersten gewährt, so ist überhaupt der Tatsachencharakter des Christentums in volles Wanken geraten, und es entbehrt damit einer sicheren Zentralwahrheit, die alle einzelnen Überzeugungen verbindet und ihnen eine unerschütterliche Gewißheit einflößt. Es läßt sich fragen, ob ohne eine solche Zentralwahrheit eine Religion einen einheitlichen Charakter haben, ja als selbständige Macht überhaupt bestehen könne. Aber es hat die Neuzeit sich größte Mühe gegeben, gegenüber allen Zweifeln an den Tatsachenkomplexen eine eigentümliche Gedankenwelt des Christentums festzuhalten; ja solche Ablösung der Gedankenwelt von einer metaphysischen oder geschichtlichen Behauptung schien ihr wohl gar ein Gewinn an Freiheit und Weite. Jedoch zeigte sich bald, daß auch diese Gedankenwelt des Christentums der Anfechtung nicht entzogen ist: an allen Hauptpunkten erzeugte die Neuzeit Gegenbewegungen, und wenn diese zunächst die christliche Gedankenwelt mehr zu ergänzen als zu bekämpfen schienen, so kehrten sie im weiteren Verlauf mehr und mehr einen Gegensatz hervor und gerieten schließlich in einen offenen und harten Streit mit der christlichen Überzeugung; durch ihre ganze Ausdehnung ist dieser jetzt ein Kampf um ihr Dasein auferlegt.

So vor allem bei der Fassung und der Schätzung der Moral, wie sie dem Christentum eigentümlich ist. Der Angriff traf zunächst nicht den allgemeinen Gedanken der Moral, sondern die besondere Art der christlichen Moral, ihre Weichheit, Milde, Nachgiebigkeit. Von Anfang an machte es Mühe, diese Moral mit dem vorhandenen Weltstande auszugleichen, von Anfang an ward ihr der Einwand entgegengehalten, ihr fehle die nötige Härte und Kraft, um den Widerstand dieser feindlichen Welt zu brechen, sie sei wehrlos gegen das Böse. In Wahrheit ward stets ein Kompromiß gesucht und eine Anpassung an die Welt vollzogen. In der Neuzeit aber spitzte das Problem sich schärfer zu, indem hier ein kräftigerer Lebensmut eine volle Unterwerfung der Umgebung, eine gründliche Überwindung ihrer Widerstände verlangte und zugleich auf einer mannhafteren, auch zum Angriff bereiten Moral bestand. Zur Unterstützung solcher Forderung wirkte auch die Wahrnehmung, daß die Moral des Christentums mehr das Gebiet individueller Gesinnung beherrscht als die allgemeinen Verhältnisse umgebildet hat; wohl war das Christentum überreich an Werken der Barmherzigkeit, aber die Herstellung vernunftgemäßer Rechtsordnungen im Zusammenleben der Menschheit blieb der Neuzeit vorbehalten, sie, nicht das Christentum, hat die Sklaverei aufgehoben, sie, nicht das Christentum, hat die soziale Frage als eine Sache des Rechts behandelt.

Ja selbst innerhalb der christlichen Welt hat diese weiche und milde Moral wegen ihrer ungenügenden Durchdringung des menschlichen Wesens viel Roheit und Grausamkeit unangefochten gelassen. Wer könnte den wilden Glaubensfanatismus, die blutigen Ketzerverfolgungen, etwa die Zerstörung des Templerordens oder die spanischen wie niederländischen Greuel betrachten, ohne ein Versagen der christlichen Liebe peinlich zu empfinden? Oder zeigen jene Greuel von ihr etwas anderes als höchstens eine elende Heuchelei? Und sehen wir auch heute die Parteigänger der kirchlichen Macht durch besondere Liebe und Sanftmut ausgezeichnet? Nur auf private Verhältnisse scheint demnach jene Liebe beschränkt, den allgemeinen Problemen aber nicht gewachsen.

So erklärt sich ganz wohl der Widerspruch, den die christliche Moral in der Neuzeit fand. Aber die Bewegung drang bald weit darüber hinaus dahin vor, die herrschende Stellung der Moral überhaupt anzugreifen, ja dieser irgendwelchen Hauptplatz im Ganzen des Lebens zu bestreiten. Jene Stellung der Moral im Christentum war wesentlich dadurch bedingt und bestimmt, daß ihm das Verhältnis von Geist zu Geist, von Persönlichkeit zu Persönlichkeit den Kern des Lebens bildete, von hier aus wurde die Moral, als Hingebung von Wesen zu Wesen verstanden, zur Seele aller Wirklichkeit, nirgends anders als hier schien das Leben ein reines Beisichselbstsein zu finden und zugleich volle Wärme und edle Freudigkeit zu gewinnen; alle übrige Tätigkeit, alles Wirken zu den Dingen, schien von hier aus nur einer kalten und seelenlosen Außenwelt anzugehören. Der Neuzeit aber hat sich durch eingreifende Lebenserfahrungen hindurch der Kern des Handelns aufs wesentlichste verschoben: echtes Handeln findet sie nur da, wo die seelische Kraft sich mit dem Gegenstande berührt und mit ihm in Wechselwirkung tritt, wo die Tätigkeit sich damit zur Arbeit gestaltet. Erst in solcher Ausbildung eines gegenständlichen Charakters scheint sie sich vager Subjektivität zu entwinden, volle Wirklichkeit zu gewinnen und eine Welt auszubilden, während alles, was lediglich innerhalb der Seele verbleibt und direkt von Seele zu Seele wirken möchte, ein bloßer Schatten zu werden droht. Solchem Gedankengange konnte die Gesinnung nur eine Vorläuferin oder einen Nachklang der Handlung bedeuten, nicht aber einen selbständigen Wert besitzen; damit sank auch die Moral zu einer Nebenwelt, zu einer Begleiterscheinung herab, die in die reale Gestaltung des Lebensprozesses ja nicht eingreifen dürfe. Die verschiedenen Hauptrichtungen des modernen Lebens treffen in dieser Überzeugung zusammen: nicht nur erscheint von der Natur aus die Moral leicht als etwas Nebensächliches, anderen Zwecken Dienendes, auch die moderne Gedankenarbeit, wie z. B. die eines Hegel, betrachtet die Moral als etwas, das sich nur auf die Stellung des Einzelnen zum Grundgehalt des Geschehens bezieht, das daher nie ein eignes Reich, eine selbständige Wirklichkeit hervorbringen kann. Weder hier noch da ist ein Raum für freies Entscheiden und eignes Handeln, wie die Moral sie fordert; die ganze Wirklichkeit verwandelt sich in ein prozeßartiges Geschehen.

Aus solcher Wendung zur Sache entstanden große Lebenskomplexe, die lediglich ihren eignen Notwendigkeiten folgen, dafür die Kraft des Menschen verlangen, alle direkte Beziehung auf moralische Zwecke als eine Störung und Entstellung verwerfen, als eine Hemmung voller Kraftentwicklung und ausgeprägter Individualität. So die moderne Wissenschaft, so die moderne Kunst, so das moderne Wirtschaftsleben; sie haben sich so, wie sie sich entwickelt haben, nur entwickeln können in Unabhängigkeit von der Moral. Diese erscheint jetzt leicht als eine bloße Privatangelegenheit der Individuen, die für die große Welt gleichgültig ist. Kann sie aber bei solcher Herabsetzung dem Individuum selbst noch die Seele des Lebens bilden? Und kann nunmehr die moralische Läuterung und Rettung das allesbeherrschende Hauptproblem sein? Das Christentum kann unmöglich fernerhin rechtes Verständnis und volle Würdigung finden, wenn ihm nicht einmal die Frage mehr entgegenkommt, in deren Beantwortung seine Stärke liegt.

Mit der Moral wird zugleich die persönliche Gestaltung des Lebens, die Beziehung von Lebenseinheit zu Lebenseinheit, aus seinem Kerne verdrängt und an die Oberfläche verbannt. Die persönliche Lebensform dünkt dem Hauptzuge der Neuzeit viel zu kleinmenschlich und eng, um die Fülle echten Lebens zu fassen, sie scheint leicht zur Entstellung und Subjektivierung zu führen. Wie hier die Wärme und Innigkeit des persönlichen Lebens als bloßes Wallen und Wogen affektvoller Stimmung erscheint, so können auch die Grundbegriffe von der Wirklichkeit nicht mehr von hier aus entworfen werden, so gilt auch der Begriff der Persönlichkeit Gottes nicht mehr als ein Symbol tiefster Wahrheit, sondern als eine ungebührliche Vermenschlichung. Die Begriffe verschieben und verwandeln sich hier, weil sich der Schwerpunkt des Lebens verlegt, weil an seine Oberfläche verwiesen wird, was im Christentum sein Kern war. Wie unverständlich wird jetzt die Überzeugung, daß der Gewinn der ganzen Welt einen Verlust an der Seele nicht aufwiegt?

4. Auch der allgemeine Gedanke einer Erlösungsreligion scheint den Wandlungen des modernen Lebens gegenüber sich nicht mehr behaupten zu können. Wir sahen, wie unentbehrlich dieser Gedanke dem müden

und matten Ausgang des Altertums war, wie die damalige Menschheit nur aus dem festen Vertrauen auf eine übernatürliche Hilfe Mut und Kraft des Lebens schöpfte. Nun aber hat die moderne Menschheit innerhalb dieses Daseins solchen Mut und solche Kraft gewonnen, die Erweckung und Nutzung eignen Vermögens wird ihr zum Hauptantrieb und zur Hauptfreude des Lebens, ihr kann es Kleinheit und Feigheit dünken von vornherein nach fremder Hilfe auszuschauen.

Dies Kraftgefühl des modernen Menschen wird aber durch besondere Wandlungen nach zwei Richtungen weiter unterstützt und befestigt: durch den Zusammenschluß der Menschheit zu geschichtlichgesellschaftlicher Lebensführung, und durch die Überzeugung von der Wandlungsfähigkeit des uns umgebenden Standes der Dinge.

So lange die Arbeit der Individuen in einem Nebeneinander verblieb und nur vorübergehend und nebenbei sich zu vereinter Wirkung zusammenfand, hatte die Macht des Menschen enge Grenzen, scheiterte sie rasch an der Härte der Widerstände. Bei der modernen Wendung des Lebens schlossen sich, mit Hilfe gesteigerter Technik, die einzelnen Kräfte enger zusammen und griffen genauer ineinander ein, große Arbeitskomplexe, wie z. B. die moderne Fabrik, aber auch die moderne Wissenschaft und das moderne Verwaltungssystem, entstanden und leisteten in ihrer Organisation unvergleichlich viel mehr als die einzelnen Kräfte in der bisherigen Isolierung, mächtig hob sich dabei das menschliche Kraftgefühl, und es durfte sich nunmehr der Mensch getrost an Aufgaben machen, die vordem ganz unangreifbar waren

Eine neue Fassung der Geschichte, di- in der modernen Arbeit und Technik wurzelt, unterstützt weiter diese Entwicklung. Denn die einzelnen Epochen summieren hier ihre Leistungen zu einem zusammenhängenden Ganzen, aller echte Ertrag der besonderen Zeit wird festgehalten und der folgenden zugeführt, die Lebensarbeit konnte so als der Bau einer großer Pyramide erscheinen, der Schicht zu Schichten fügt und auch den kleinsten Beitrag verwertet. „Viele werden vorbeiziehen und die Wissenschaft wird wachsen" (Bacon). Durch solche Ausbildung eines Miteinander in Geschichte und Gesellschaft gewann die Menschheit als Arbeitsganzes eine gewaltige Steigerung; was nicht der Einzelne, das vermochte das Ganze, was nicht der Augenblick, die Kette der Zeiten.

Dieser Entwicklungsfähigkeit der Kraft entsprach eine Steigerungsfähigkeit der Verhältnisse. Der Weltstand erschien nicht mehr, wie er früheren Zeiten es tat, sei es durch ein dunkles Schicksal, sei es durch göttliche Fügung unwandelbar festgelegt und mit allen seinen Mißständen hinzunehmen, wie er sich findet, sondern die Welt schien noch mitten im Fluß, große Wandlungen dünkten möglich, der Mensch war nicht mehr darauf beschränkt, Armut, Krankheit und Not nur in ihren Erscheinungen zu mildern, sondern er fühlte sich befähigt und berufen, das Übel in der Wurzel anzugreifen und den Weltstand energisch weiterzubilden. Die Bewegung dahin ist nicht bei bloßem Vorsatz und Ansatz verblieben, sondern sie hat sich in breiteste Wirklichkeit umgesetzt, wir brauchen nur an die moderne Medizin und die moderne Sozialgesetzgebung zu denken, um einer wesentlichen Veränderung der Lage, um einer neuen Stellung des Menschen zur Wirklichkeit innezuwerden. Statt sich der Unvernunft des Daseins geduldig zu ergeben, nimmt er mutig den Kampf mit ihr auf, und in den Erfolgen dieses Kampfes gewinnt er ein freudiges Selbstgefühl, entwickelt sich aber zugleich viel Geringschätzung eines Hoffens und Harrens auf übernatürliche Hilfe. Denn jene Erfolge hat ihm keineswegs solche Hilfe wunderbar zugeführt, sondern es hat sie ihm Schritt für Schritt die eigne Kraft errungen, er hat das Recht darauf stolz zu sein. In solchen Bewegungen verblaßt dem modernen Menschen ganz und gar der Erlösungsgedanke, er weicht immer mehr dem Fortschrittsgedanken, ja es wird die Steigerung der Kraft, das Leben um seines eignen Fortschreitens willen, zum vollgenügenden Inhalt des Daseins. Gegenüber dem ethischen Lebensideal mit seiner Umwandlung der Seele erwächst ein dynamisches mit seiner unbegrenzten Kraftsteigerung und gestaltet von sich aus alle Größen und Maße. Solches Wachstum der Menschheit zu einem Zeit und Raum umfassenden Arbeitsganzen drängt zugleich unvermeidlich den der Gottheit zurück; der Glaube an diese verblaßt vor dem an die Menschheit, wie denn der moderne Positivismus geradezu den Kultus der Menschheit (le grand être) als einen neuen Glauben verkündet. Ludwig Feuerbach aber gibt dieser Bewegung des modernen Lebens den schlagenden Ausdruck: „Gott war mein erster, Vernunft mein zweiter, der Mensch mein dritter und letzter Gedanke." Wie aber steht es nun mit dem Reiche Gottes?

5. Das Christentum ist die Religion reiner Geistigkeit, die Natur erscheint ihm als das Werk des Geistes und als ein Mittel für seine Zwecke, nie kann sie ihm

ein eignes Recht entgegenhalten. Der Neuzeit hingegen hat die Natur eine Selbständigkeit gewonnen, ihrer wissenschaftlichen Arbeit hellte sie sich nur auf, indem sie alle seelischen Elemente ausschied, das Seelenlose aber um so enger und fester zusammenschloß. Diese Wendung, die sich auch in der technischen Unterwerfung der Natur bewährte, enthielt aber den Keim von schweren Konflikten mit der Religion; zu offenem Ausbruch kam dieser zuerst beim Problem der sinnlichen Wunder, die das kirchliche Christentum nicht nur umsäumen, sondern mit seinen Hauptwahrheiten untrennbar verschlungen sind. Diese Wunder, der älteren Denkweise eine selbstverständliche Bekundung der Überlegenheit der geistigen Welt, werden der Neuzeit, als Durchbrechungen des großen Weltgefüges, zu einem schweren Anstoß; es läßt sich kaum leugnen, daß sie heute die religiöse Überzeugung mehr belasten als unterstützen.

Aber über diesen besonderen Punkt geht die Bewegung der Neuzeit weit hinaus, mit der nun errungenen Selbständigkeit wirkt die Natur immer stärker auf das Geistesleben zurück, umklammert es immer fester und macht immer mehr sich selbst zum Ganzen der Wirklichkeit. Ein breiter Strom von Tatsächlichkeit umflutet hier jeden Betrachter: unbestreitbar ist jetzt die durchgängige Abhängigkeit des seelischen Lebens von körperlichen Bedingungen, unbestreitbar auch der enge Zusammenhang des Menschen mit dem tierischen Dasein, unbestreitbar ferner die sonst meist verkannte Macht der materiellen Faktoren im geschichtlichgesellschaftlichen Zusammensein; diese ganze Seite des Lebens findet nun erst ihr volles Recht. Dazu wirkt weit über alle Erfahrung hinaus ein starkes Einheitsverlangen zugunsten einer Ausschließlichkeit der Natur, zur Verneinung und Austreibung aller Selbständigkeit des Geisteslebens, zur Gestaltung alles Geschehens und Seins nach den Maßen der Natur. Gewiß fehlt es auch in der Neuzeit nicht an Widerstand gegen eine solche Strömung. Von Anfang an widerspricht dem Naturalismus der Intellektualismus: gefördert durch die stärkere Entwicklung der Denktätigkeit, von der wir uns überzeugten, nimmt er seinen Standpunkt in dieser und verficht mit Eifer und Nachdruck, daß das Denken der notwendige Ausgangspunkt, die ursprünglichste Werkstatt des Lebens sei, daß wir auch die Natur nicht unmittelbar in ihrem eignen Bestande schauen, sondern sie nur durch unser Denken hindurch ergreifen und ihr Bild gemäß den Gesetzen dieses Denkens gestalten. In Wahrheit steht bei gewecktem Geistesleben die Gedankenwelt vor der Sinnenwelt. Aber so berechtigt diese Erwägung ist und so gewiß sie den rohen Materialismus zerstört, eine überwältigende Eindringlichkeit gewinnt sie nur auf der Höhe der geistigen Arbeit; auch erzeugt jene Bewegung nicht einen allumfassenden Lebenszusammenhang und läßt nicht alle Kraft einer einzigen Aufgabe dienen, wie der Naturalismus das tut; so ist sie diesem in der Wirkung auf das Ganze der Menschheit bei weitem nicht gewachsen, so verliert sie auch bei der Ausdehnung der Kultur auf breite Massen unablässig an Boden. Den gesteigerten Einwirkungen der uns umgebenden Natur und ihrem Vordringen auch ins Innere der Seele kann eine Bewegung zum Geiste erfolgreichen Widerstand leisten nur, wenn sich ihr alle Mannigfaltigkeit des Strebens zu einer Einheit zusammenfaßt und zugleich zu einer Sache unabweisbarer Selbstbehauptung wird. Eine derartige Einheit bietet aber das moderne Geistesleben in seinem eignen Bereiche nicht. Wird nun aber der Mensch mehr und mehr in die Natur hineingezogen, und muß sein ganzes Leben sich nach ihrer Art gestalten, so verblassen und verschwinden damit Größen, ohne deren Wirken keine Religion bestehen, die am wenigsten das Christentum missen kann. Von einer reinen Innerlichkeit, von einem Beisichselbstsein des Lebens kann nicht mehr die Rede sein, wenn alles seelische Leben körperliche Vorgänge nur begleitet oder gar von ihnen erzeugt wird; alle innere Gemeinschaft des Menschen und alles unmittelbare Teilnehmen am Ganzen eines Menschheitslebens wird in der Wurzel vernichtet, wenn es nur ein sinnliches Nebeneinander der Elemente und eine Berührung von außen her gibt; für ewige Wahrheiten und auch für eine persönliche Unsterblichkeit, dies Hauptstück des christlichen Glaubens, gibt es keinen Platz mehr, wenn alles Geschehen dem Wandel der Zeit unterliegt und keinerlei Gegenwirkung üben kann.

Überhaupt aber besagt die völlige Einfügung des Menschen in die Natur eine Aufhebung aller und jeder Religion. Denn es muß der Mensch der Natur irgendwie überlegen sein, um ein Göttliches entdecken und eine Beziehung zu ihm suchen zu können. Für ein bloßes Naturwesen wird die ganze Religion ein Gewebe von Illusionen, bei dem nur rätselhaft ist, wie es überhaupt entstehen konnte.

6. Alles zusammen hat die Wendung der Menschheit zur nächsten Welt, von der unsere Betrachtung

ausging, bestätigt und weiter befestigt. Mit dieser Wendung ist die Religion immer weiter zurückgewichen, ist immer mehr ihr Umfang verengt nud ihr Inhalt verflüchtigt worden. War früher die Religion die Beherrscherin aller Lebensgebiete, so haben diese Gebiete, wie Recht und Moral, Kunst und Wissenschaft, sich mehr und mehr von ihr abgelöst und ihre Begründung in einer dem Menschen innewohnenden Vernunft gesucht; so entstand ein „natürliches" Recht, eine „natürliche" Moral, ja selbst eine „natürliche" Religion. Solchem Zuge der Zeit wird die ausschließliche Beherrschung des Lebens durch die Religion zu einer unerträglichen Enge, nur eine Universalkultur kann den ganzen Menschen befriedigen, und wie die anderen Gebiete, so scheint auch die Religion nur als ein Glied dieser sich halten zu können und innerhalb dieser sich gestalten zu müssen. Wird sie das aber können ohne ihren eigentümlichen Charakter einzubüßen oder doch erheblich abzuschwächen? Jedenfalls kann die Religion als ein bloßes Stück einer allgemeinen Kultur von sich aus kein neues Leben eröffnen, keinen Bruch mit der Welt vollziehen, nicht das Streben und Hoffen auf eine neue Wirklichkeit des Reiches Gottes richten, wie solches das Christentum tat. So wird jene Einschränkung unvermeidlich auch ihren Inhalt gefährden und ihn mehr und mehr verflüchtigen.

Das zeigt in Wahrheit die Bewegung von einer Überwelt zur Welt, welche die Neuzeit in großen Stufen durchlief. Schon der Panentheismus schwächte die Substanz des Christentums, indem er die ethische Erneuerung vor der künstlerischen Weltbetrachtung zurücktreten ließ; der Pantheismus verwandelt die Religion noch mehr in eine bloße Stimmung, ein andächtiges Gefühl, das die Kulturarbeit nur begleitet und die sinnliche Welt belebt, das aber keine wesentlichen Wandlungen und Erhöhungen hervorbringen kann; wenn schließlich in der letzten Wendung zum Agnostizismus das Göttliche in eine unzugängliche Ferne zurückweicht und die Religion nicht mehr ist als die Anerkennung einer dunklen Tiefe hinter dem Dasein, ohne daß wir das Mindeste von dieser wissen und haben, so bedarf es nur eines kleinen Schrittes zu einer völligen Verneinung. Eine so leer gewordene Religion kann ohne Schaden verschwinden. Einer derartigen die Jahrhunderte durchdringenden Strömung siegreich zu widerstehen wird der Religion unsäglich schwer, wenn nicht ganz unmöglich. Wenigstens auf dem modernen Boden, wo sie von vornherein eine schlechte Stellung hat.

War sie nämlich früher der erste Standort des Lebens und trug sie in sich selbst eine felsenfeste Gewißheit, konnte Gott als bekannter denn die Schöpfung erscheinen (deus notior creatura, mens corpore), so muß sie sich dem modernen Menschen für den Standort der Welt erst erweisen und gerät dabei in die schwierigste Lage. Daß das Leben seinen Schwerpunkt nicht mehr innerhalb, sondern außerhalb der Religion hat, das ist es, was alle Bejahung schwach und alle Verneinung stark macht; das Göttliche erscheint nun leicht als zur Welt nur hinzugedacht; selbst der Versuch des Beweisens wirkt hier leicht zur Zerstörung, indem er von Fremdem abhängig macht, was seine Überzeugungskraft in sich selbst tragen muß. Ist die Religion nicht mehr das Allererste, so wird sie leicht zum Allerletzten, hat sie die unmittelbare Gewißheit verloren, so droht sie das Unsicherste von allem zu werden; der Neuzeit aber hat sie jene Gewißheit verloren. „Gott ist das Leichteste und Schwerste, so zu erkennen, das Erste und Leichteste in dem Lichtweg, das Schwerste und Letzte in dem Weg des Schattens“ (Leibniz).

Was so das Ganze des Lebens an Wandlung und Umkehrung vollzieht, das erstreckt sich auch in das Leben des Einzelnen hinein. Auch ihm hat das unmittelbare Dasein immer mehr Gehalt und Wert gewonnen, es nimmt ihn immer ausschließlicher ein, es bietet ihm soviel an Aufgaben, an Arbeit und an Genüssen, es ist so bunt und spannend, und er fühlt sich so wohl dabei, daß die Forderung, dem allen zu entsagen und eine neue Welt aufzusuchen, höchst wunderlich scheinen kann. Je mehr sich aber das befestigt und auch zu deutlichem Bewußtsein gelangt, desto mehr rückt die Religion und mit ihr das Christentum dem Kulturmenschen in die Ferne, desto mehr droht es ihm gänzlich zu entschwinden.

So sehen wir an allen Hauptpunkten das moderne Leben sich mehr und mehr vom Christentum trennen und ihm feindlich entgegentreten; ist es ein Wunder, wenn die verschiedenen Bewegungen sich schließlich zusammenfassen und einen Sturm auf das Ganze wagen? Das Christentum galt den früheren Geschlechtern als ein starker Fels und Hort, für die Ewigkeit gegründet, allem Wandel der Zeit überlegen. Nun hat auch an ihm die Zeit ihre Macht erwiesen. Denn sie brachte eine Flut, die unablässig anschwellend an seinen Fundamenten nagte, zunächst mehr versteckt und an einzelnen Stellen, nach und nach offen und über die ganze Weite; schließlich scheint das Ganze unterwühlt und der Augenblick der Entscheidung gekommen, ein völliger Einsturz nicht zu verhüten.

So die Meinung der Gegner, vielleicht triumphieren sie zu früh, vielleicht gar mit völligem Unrecht. Aber auch der unbefangene Betrachter muß anerkennen, daß das Christentum nicht mehr die alte Stellung hat, daß es aus unbestrittenem Besitz in den Stand der Abwehr gedrängt ward. Bei dieser Abwehr hat es sich oft von gefährdeten Außenposten auf einen Kern seiner Stellung zurückzuziehen gesucht. Von den geschichtlichen Tatsachen führte das zu den Ideen, von den einzelnen Ideen zum Ganzen einer Weltanschauung, von aller Weltanschauung zu den Leistungen der christlichen Ethik, die niemand schien leugnen zu können. Aber auch diese vermeintliche Hilfe trog, zeigte sich doch, daß die leitenden Ideen und Wertschätzungen nicht mindere Anfechtung erlitten als die Tatsachen, sowohl die geschichtliche als die metaphysische, und daß der Ansturm kaum irgendwo heftiger war als gegenüber der christlichen Moral. Findet sich aber nirgends ein unangreifbarer Punkt, hält keine sichere Zentralwahrheit alle Mannigfaltigkeit zusammen, wird aller Bestand in Diskussion und Debatte hineingezogen, so wird auch der Freund sich schwer eines Unsicherwerdens erwehren können. Es hatte das Christentum das Leben kräftig zur Einheit zusammengefaßt und zugleich eine eigentümliche Art entwickelt, die Welt zu sehen und ihre Eindrücke zu verarbeiten; diese Konzentration hob besonders die Kraft, dem Leid des Daseins zu widerstehen und auch das tiefste Dunkel in Glauben und Hoffen zu ertragen. Nun haben die unaufhörlichen Angriffe jenen Zusammenhang mehr und mehr gelockert und drohen ihn völlig aufzulösen, die Lebenserfahrungen befreien sich nun von der überkommenen Deutung und Bindung und wirken mit der vollen Kraft des unmittelbaren Eindrucks; damit aber steigen die uralten Fragen des Menschenlebens mit frischer Kraft wieder auf, und die Rätsel des Daseins lassen ihr tiefes Dunkel schmerzlich empfinden, wehr- und hilflos scheinen wir nun ihnen entgegenzustehen.

Vielleicht trügt der Schein, vielleicht besitzen wir mehr als wir zu besitzen glauben, aber unleugbar verläuft jetzt Sicheres und Unsicheres ineinander, und es fehlt uns ein Prüfstein beides zu scheiden. Eine solche Lage läßt sich unmöglich weiter ertragen, sie drängt zwingend zu der Frage: Können wir heute noch Christen sein?

III. Was widersteht einer Verneinung des Christentums?

Man könnte erwägen und fragen, warum wir die geschilderte Auflösung uns nicht ruhig gefallen lassen und als eine Notwendigkeit anerkennen; so gewiß die Trennung von einem so alten und wurzelhaften Besitz nicht schmerzlos erfolgen könnte, wir dürften uns ihr nicht entziehen, wenn das Gebot der Wahrheit sie forderte. Dies Gebot freilich müßte völlig sicher und sein Inhalt sonnenklar sein, jeder Zweifel daran würde die Bewegung ins Stocken bringen.

In Wahrheit aber entstehen solche Zweifel. Einmal erregt Bedenken und Anstoß, daß die auflösende Kraft der modernen Bewegung sich nicht auf das Christentum beschränkt, daß sie darüber hinaus alles angreift, was unserem Leben einen geistigen Charakter gibt. Je mehr nämlich jene Bewegung sich der Welt hingibt und an sie bindet, desto weniger Platz hat sie für irgendwelche Religion, sei sie noch so „freisinnig" und „aufgeklärt"; je ausschließlicher sie auf Kraft und Leistung besteht, desto mehr entzieht sie der Moral allen Boden; je mehr sie alle inneren Zusammenhänge der Menschheit auflöst, desto mehr macht sie auch alle intellektuelle Betätigung zu einem bloßen Vorgehen an den Individuen, und kann sie daher die Wissenschaft als eine den schwankenden Meinungen überlegene, die Menschen bezwingende Macht weder verstehen noch dulden. Können wir auch das so bereitwillig hinnehmen und so begeistert begrüßen, ist es nicht ein innerer Widerspruch, durch geistige Arbeit alles geistige Leben und damit auch alle Möglichkeit geistiger Arbeit zerstören zu wollen?

Aber nicht nur die Wirkungen, auch der eigene Bestand jener Gegenbewegung zeigt die Sache minder einfach, als sie ihren Vorkämpfern dünkt. Eine nähere Prüfung jener Bewegung zeigt nämlich bald, daß sie zwei Strömungen in sich faßt, deren Zusammenwirken für den Augenblick eine große Kraft gewährt, die sich aber für die Dauer zerwerfen und durchkreuzen müssen, ja die nach entgegengesetzter Richtung treiben.

Einmal wirkt hier eine Bewegung allgemeiner Art, eine Wendung der Neuzeit zu einem weiteren, freieren, klareren Leben, einem Leben von größerer Selbständigkeit und geistiger Ursprünglichkeit. Wie dieses Leben seine umwandelnde Kraft auf alle Gebiete erstreckt, so setzt es auch den überkommenen geschichtlichen Bestand in ein neues Licht, so muß es auch an das Christentum neue Forderungen stellen. Aber vielleicht kann dies solche ganz wohl erfüllen ohne Schaden zu leiden, vielleicht wird es seine Kraft damit noch besser entfalten. Jedenfalls wäre erst nachzuweisen, daß hier ein unauflösbarer Konflikt erwächst. Anders steht es mit der besonderen Zuspitzung, welche das moderne Leben durch die Wendung zu einer bloßen Daseinskultur erfährt, d. h. einer Kultur, welche alle Betätigung auf die uns umgebende Welt beschränkt, an diese alles Streben und Hoffen bindet und alles verwirft, was ihre Grenzen überschreitet. Hier gibt es keine Verständigung mit dem Christentum, dieser Religion weltüberlegener Innerlichkeit, sondern nur einen Kampf auf Leben und Tod. Indem aber beide Strömungen durcheinanderlaufen und zusammenfließen, pflegt die engere Behauptung die weitere mit sich fortzureißen und ihre Überzeugungskraft an sich zu ziehen, als das schärfer Ausgeprägte ist sie im Vorteil gegenüber dem minder Bestimmten, so durfte sie sich als die Vertreterin der gesamten Bewegung der Neuzeit fühlen und zugleich alles, was dieser an Kraft und an Recht innewohnt, zugunsten ihrer schroffen Verneinung des Christentums wenden. Sobald wir das Unrecht dessen durchschauen und die beiden Strömungen genügend auseinanderhalten, tritt auch das Problem des Christentums in ein neues Licht, und es könnte sich ganz wohl zeigen, daß das moderne Leben nur in einem Sinken von seiner eignen Höhe dem Widerspruch eine solche Schroffheit gab. Jene Verengung zur Daseinskultur aber wäre dann auf ihr eignes Recht und Vermögen genau zu prüfen; sollte sich dabei ergeben, daß die Daseinskultur, aller fremden Zutat entkleidet und auf ihre eignen Mittel angewiesen, das menschliche Leben unmöglich umfassen und beherrschen kann, ja daß sie mit wachsender Ausprägung um so zerstörender wirkt, so könnte ihr Widerspruch das Christentum nicht erschrecken, so dürfte es sich solchem Gegner vollauf gewachsen fühlen.

Demnach gilt es hier vor allem zu klären und zu scheiden, danach erst wird sich ermessen lassen, wie viel das Ganze der Gegenbewegung bedeutet, was es an Wandlungen zu fordern berechtigt ist, und wo es selbst ins Unrecht gerät. Das vereinte Eindringen der beiden Strömungen als eines ungeschiedenen Ganzen war es, was die Lage des Christentums gefährlich machte, jedes Auseinandertreten muß die Spannung dieser Lage mindern.

Sehen wir also, wie es mit dem Gehalt der beiden Strömungen, und wie es mit dem Anspruch der Daseinskultur auf die Beherrschung des Lebens steht; der einfachste Weg dazu dürfte sein, daß wir an einigen besonders wichtigen Punkten sowohl die weitere Behauptung der Neuzeit als die nähere Zuspitzung in ihrer Eigentümlichkeit betrachten wie auf ihr Vermögen untersuchen. Als solche Punkte seien aber die Stellung zur Welt, die Schätzung des Menschen, die Gestaltung der Arbeit gewählt.

a) Die Stellung zur Welt.

Eine höhere Schätzung der Welt und eine stärkere Befassung mit ihr, d. h. mit der Gesamtheit dessen, was dem Menschen unmittelbar zugänglich ist, bildet ein Hauptstück des modernen Lebens, nur dadurch haben moderne Wissenschaft und moderne Kunst, moderne Politik, Volkswirtschaft und Erziehung ihren eigentümlichen Charakter erhalten, daran hängt der Gesamtaufbau der modernen Kultur mit seinen eingreifenden Wandlungen des gesamten Lebensstandes. Unverkennbar ist hier ein weiter Abstand vom alten Christentum, dessen Wirken einer Zeit zu entsprechen hatte, der alle Lust an der Welt vergangen war. Aber selbst hier sei nicht übersehen, daß der Geringachtung der Welt bei sich selbst eine Erhöhung der Welt zur Seite ging, sofern sie von Gott erneuert war, so daß Augustinus sagen konnte, Christus sei gekommen, um die Welt von der Welt zu befreien. Nach solcher Richtung wirkte weiter die christliche Spekulation, welche die Welt als eine Selbstdarstellung Gottes verstand, wirkte auch die Mystik mit ihrer Einigung von Gott und Welt; zur Einführung der modernen Schätzung der Welt hat sie nicht wenig beigetragen. Aber auch die Neuzeit fand zunächst die Welt nicht wertvoll in ihrem unmittelbaren Dasein, sondern als Ausdruck, Erscheinung, Darstellung eines sie begründenden und tragenden göttlichen Lebens, vom Gedanken Gottes aus erhielt sie sowohl eine Unendlichkeit als einen inneren Zusammenhang, nur als ein Abglanz göttlicher Herrlichkeit ward sie ein Reich der Ordnung und Schönheit. Die Hingebung an eine so verstandene Welt besagte keine Entfernung von Gott.

Auch wenn Spinoza Gott die „immanente Ursache der Dinge“ nannte, so hieß ihm das nicht, daß Gott innerhalb einer gegebenen Welt wirkt, sondern weit mehr, daß Gott bei sich selbst verbleibt, wenn er zu den Dingen wirkt, daß diese nicht außerhalb, sondern innerhalb eines Allebens liegen.

Dieser Überlegenheit Gottes entspricht in der Jugend und auf der geistigen Höhe der Neuzeit die Festhaltung einer Selbständigkeit der geistigen Arbeit gegenüber allem, was die Welterfahrung dem Menschen zuführt. Das Leben schöpft seinen Inhalt nicht aus der Welt, sondern es entwickelt sich an der Welt, in ihrem Ansichziehen und Unterwerfen; so ist es kein bloßes Aufnehmen, sondern ein Umwandeln dessen, was es empfängt. Daher bestanden die leitenden Denker der Neuzeit so entschieden darauf, dem Geist beim Erkenntnisstreben einen ursprünglichen Stammbesitz oder ein ursprüngliches Vermögen (eingeborne Ideen, a priori usw.) zu wahren; wie denn in solchem Gedankengange Kant die Worte sprach: „Der Verstand schöpft seine Gesetze nicht aus der Natur, sondern schreibt sie dieser vor“; nicht minder wurde die Unabhängigkeit der Moral gegen das Tun und Treiben draußen energisch aufrecht gehalten, „in Ansehung der sittlichen Gesetze ist Erfahrung (leider!) die Mutter des Scheins, und es ist höchst verwerflich, die Gesetze über das, was ich tun soll, von demjenigen herzunehmen oder dadurch einschränken zu wollen, was getan wird“ (Kant). Ferner kann die Neuzeit die Persönlichkeit mit ihrem Leben nur so hoch stellen wie sie es tut, und nur so viel von ihr erwarten, wenn sie dieselbe zu einem selbständigen Lebenszentrum macht, sie einen Kampf mit der Welt aufnehmen und dadurch ihr eignes Wesen finden läßt. Die Persönlichkeit soll die Welt umspannen; kann sie das ohne weltüberlegen zu sein? Durchgängig erscheint hier die willenlose Anpassung an das Dasein als eine unerträgliche Herabstimmung, eine schmähliche Erniedrigung des Lebens.

So behauptet auch das moderne Schaffen eine Weltüberlegenheit, die Welt ist hier Vorwurf und Bedingung, nicht aber Quelle des Lebens. Nur darin besteht eine Abweichung vom alten Christentum, daß dieses das überlegene Leben als durch Wunder und Gnade empfangen, die Neuzeit dagegen als dem Menschen von Haus aus innewohnend betrachtet. Aber da hier wie dort das geistige Leben in Erhebung über die Welt verläuft, so liegt jener Gegensatz innerhalb einer gemeinsamen Überzeugung; auch bleibt die Frage offen, ob die Neuzeit jene unmittelbare Gegenwart eines höheren Lebens im Menschen vollauf dartun und durchsetzen kann, ob nicht ihre eigne Arbeit und Erfahrung an dieser Stelle schwere Verwicklungen aufgedeckt hat, die eine Zurückverlegung des Lebens verlangen und damit dem Christentum näher führen. Jedenfalls ist hier die Sache noch mitten im Fluß, und die Neuzeit hat kein Recht als höchste Instanz zu entscheiden. Die Frage wird uns später näher beschäftigen müssen.

Aber die Welt ward dem modernen Menschen nicht nur weit mehr als in früheren Zeiten, sie zog ihn stärker und stärker an sich, sie umstrickte ihn immer mehr, sie raubte ihm immer mehr seine Selbständigkeit. Die Hingebung an die Welt kam schließlich an einen Punkt, wo ein Umschlag eintrat und das Leben sich völlig veränderte. Indem die Tätigkeit sich immer mehr in die Dinge versenkte, sich ihnen anschmiegte und in sie fügte, hat sie immer mehr ihre Überlegenheit und zugleich das Bewußtsein davon eingebüßt, und hat sie sich schließlich willig darin geschickt, ein bloßes Erzeugnis der Weltumgebung, ein bloßes Stück des Weltgetriebes zu sein. Zu solchem Ausgang wirkte auch die unermeßliche Erweiterung, welche die Welt für den modernen Menschen nach der Seite des Großen wie des Kleinen erfuhr, die unerschöpfliche Fülle von Tatsächlichkeit, womit sie auf ihn eindrang. Dieser Fülle gegenüber brach schließlich die menschliche Kraft zusammen, es versagte das Vermögen der Zusammenfassung und geistigen Durchdringung der Dinge, der Geist hörte auf ein selbständiges Lebenszentrum zu sein, er schien sein Heil nunmehr nur im Dienen finden zu können. Solche Wendung mochte zunächst als ein reiner Gewinn erscheinen, als der Gewinn eines offneren, weiteren, unbefangeneren Lebens, als eine Befreiung von starren Formeln, ein Frisch- und Flüssigwerden ohne alle und jede Begrenzung. Ein reicher Gewinn in dieser Richtung ist in Wahrheit nicht zu leugnen. Aber der Gewinn verwandelt sich in einen Verlust, wenn diese Bewegung nicht innerhalb eines weiteren Lebens liegt, sondern das Ganze des Lebens bilden soll. Denn bei Wegfall aller Selbständigkeit des Geisteslebens entfällt auch alle Möglichkeit einer Gegenwirkung und Umwandlung, die Seele wird ein leeres Gefäß, das allen Gehalt von der Weltumgebung erwartet, ein weiches Wachs, das die wechselnden Lagen bald so bald anders gestalten.

Denn was wird für den Menschen die Welt, wenn die geistige Arbeit sich von ihr zurückzieht? Ein Gewebe bloßer Beziehungen undurchsichtiger Elemente, ein unablässiger Wechsel und Wandel, ein Sichdurchkreuzen unzähliger Bewegungen, ein sinnloses Getriebe. Und in dies Getriebe wird der Mensch ganz und gar hineingeworfen, in ihm muß er sich eine Stelle suchen, ihm gemäß sein Leben gestalten, ihm hat er sich willfährig anzupassen. Wie vieles geht damit verloren, das bisher einen sicheren Besitz zu bilden und dem Menschen eine Größe zu geben schien! Die Seele, die nunmehr zum bloßen Produkt ihrer Umgebung wird, muß aller inneren Einheit entsagen und ein bloßes Nebeneinander einzelner Vorgänge werden, diese Vorgänge mögen sich zu einem Bündel verknüpfen und nach außen hin wie ein Ganzes wirken, ein inneres Ganzes bilden sie nicht, ein Ganzes, das die einzelnen Betätigungen umfaßte, sich in sie hineinlegte, sich in ihnen erlebte. Mit solcher Zerlegung der Seele werden Größen wie Persönlichkeit und Charakter, Gesinnung und Überzeugung zu leeren Illusionen und zugleich alles Leben, das sie schätzt und sie glaubt entwickeln zu sollen, ist der Mensch hier doch nur ein komplizierter Mechanismus, ein Kraftkomplex, ein Sammelpunkt von Wirkung und Gegenwirkung.

Wo aber alle innere Einheit fehlt, da läßt sich auch die Umgebung nicht in ein Ganzes fassen, da bleibt sie ein bloßes Nebeneinander einzelner Punkte, da entfällt alles Überdenken, alles Messen und Schätzen der Welt. So gibt es hier kein Verhältnis eines Ganzen des menschlichen Lebens zu einem Ganzen der Wirklichkeit und zugleich auch keinen Widerspruch zwischen den

Forderungen der Seele und dem Befunde der Welt, sowie kein Mühen und Ringen diesen Widerspruch zu überwinden. Aus solchem Ringen des Menschen mit der Welt sind aber nach dem Zeugnis der Geschichte die entscheidenden Weiterbildungen des menschlichen Lebens hervorgegangen. Denn jener Widerspruch vornehmlich trieb neue Kräfte hervor und führte auf neue Bahnen. Die erhebenden Ideen Platos, das farbenreiche Weltgemälde Dantes, die erschütternde Vernunftkritik Kants, wie wären sie möglich gewesen, ohne daß eine große Seele allen Widerständen gegenüber den Kampf um eine geistige Selbsterhaltung aufnahm und zu seiner siegreichen Durchführung den Anblick der Welt wie das Ziel des Lebens veränderte. Die Daseinskultur muß freilich dies alles, sie muß auch alle große Kunst für leeren Wahn und krasse Verirrung erklären.

Überhaupt aber bleibt bei völligem Aufgehen des Menschen in die Weltumgebung vieles unverständlich, was ihn nicht nur in seiner eignen Schätzung emporhob, sondern sich auch durch eingreifende Wandlungen des Lebensstandes bewährt hat; unverständlich bleibt z. B., wie die geistige Kraft des Menschen das von draußen Empfangene wesentlich umbilden kann, wie z. B. die moderne Naturwissenschaft ein so völlig anderes Naturbild erzeugt, als die sinnlichen Eindrücke bieten. Unverständlich bliebe auch, wie der Mensch, dies bloße Stück eines dunklen Getriebes, eine Teilnahme an dem Gesamtstand seiner Umgebung hegen, eine Verantwortung dafür auf sich nehmen, sich zur Bekämpfung der Übel von seinem Gewissen getrieben fühlen könnte. Dies aber ist es vornehmlich, was der sozialen Bewegung ihre treibende Kraft verleiht.

Aber nehmen wir an, das Eintreten des Menschen in helfendes und förderndes Wirken bereitete keine Schwierigkeit, wie wenig Tiefe kann die bloße Daseinskultur diesem Wirken geben! Denn sie hat mit unwandelbar gegebenen Elementen zu tun und kann nur ihre Lage verändern, so muß ihr auch alle Hoffnung auf eine innere Erneuerung des Menschen als ein trügerischer Wahn erscheinen. Diese Hoffnung war es aber, welche das Wirken der großen Reformatoren auf allen Gebieten beseelte, nicht bloß in der Religion; ihnen genügte nicht, an einem gegebenen Stande der Dinge dieses oder jenes zu verschieben, sondern sie wollten ursprüngliche Tiefen eröffnen, sie suchten einen neuen, einen reineren und wahrhaftigeren Menschen, sie kämpften gegen die Künstlichkeit, die Fremdheit, die Greisenhaftigkeit der Durchschnittskultur, dabei voll starker Sehnsucht und fester Hoffnung auf die Möglichkeit eines echteren und jugendfrischeren Lebens, im Grunde alle von der Überzeugung beseelt: „So ihr nicht werdet wie die Kinder, könnt ihr nicht in das Reich Gottes kommen."

Dabei ist solche Verwehrung eines Zurückgehens auf schaffende Lebenstiefen nicht eine bloße Lehrmeinung, sie drückt unvermeidlich auch die Kraft des Lebens herab. Denn dies ist die Wurzel jenes heute so mächtigen Glaubens, vielmehr Aberglaubens an das Vermögen äußerer Einrichtungen, Gesetze und Assoziationen, und zugleich die des Unglaubens an die schaffende Tat und die innere Erhöhungsfähigkeit des Menschen.

Die Daseinskultur kann freilich alles Heil nur von außen erwarten.

Dabei sei unbestritten, daß die unbefangenere Hingebung und die eifrigere Befassung mit dem unmittelbaren Dasein viel Neues gezeigt und gewirkt, das Leben bereichert, es vor übereiltem Abschluß bewahrt hat, daß auch in das Gesamtbild des Lebens sich fruchtbare Wirkungen von hier aus erstrecken. Aber das alles gerät sofort ins Problematische und Verkehrte, wenn es das ganze Leben beherrschen und ihm seinen Stempel aufdrücken will. Es bleibt ein gewaltiger Unterschied, ob die Welt für den Geist mehr wird und ihn mehr in Bewegung setzt, oder ob er ganz und gar in die Welt aufgeht, von ihr erdrückt und verschlungen wird. Daß letzteres eine innere Zerstörung des Lebens bedeutet, das würde sofort ersichtlich werden, wenn nicht die Daseinskultur sich unablässig aus anderen Gedankenwelten ergänzte und ihre eignen Größen unablässig durch eine Umbiegung dahin idealisierte, wenn sie nicht aufs stärkste von dem entlehnte, das zu zerstören sie eifrig bemüht ist. Nur deswegen konnte sie in der Neuzeit so viel Zustimmung finden, ja Begeisterung erwecken, weil sie innerhalb der überkommenen, vom Idealismus erfüllten geistigen Atmosphäre wirkt. Darin aber liegt, daß die Daseinskultur kraft einer inneren Dialektik durch ihr eignes Vordringen sich zerstört. Denn jenes Vordringen muß immer mehr das schwächen und verflüchtigen, dessen die Daseinskultur selbst nicht entbehren kann; je mehr aber solche Ergänzung entfällt, desto deutlicher werden die Schranken jener Kultur, desto weniger kann sie ihren Anspruch auf die Führung des Lebens behaupten, desto mehr muß sie zur Verengung und Zerstörung wirken. Steht aber die Sache so, und ist die Daseinskultur mit so vielen Problemen behaftet, so kann das menschliche Leben und Streben sich unmöglich von ihr die Maße und Ziele vorschreiben lassen, so wird auch der schroffe Widerstand gegen das Christentum nur als eine Konstatierung eines unversöhnlichen Gegensatzes, nicht aber als ein Triumph der Daseinskultur erscheinen. Was in sich selbst solche Widersprüche trägt, dessen Widerspruch kann nicht erschrecken.

b) Die Schätzung des Menschen.

War die Zeit des alten Christentums von der Neigung beseelt, den Menschen möglichst niederzudrücken und seiner Kraft möglichst wenig zu überlassen, um dafür göttliche Macht und Gnade desto mehr zu erheben, so enthält die Neuzeit dagegen eine hohe Schätzung menschlicher Größe und Kraft, eine solche Schätzung trägt und beseelt den Aufbau der neuen Kultur, diese hat in wechselseitiger Steigerung von Leistung und Vermögen das menschliche Selbstvertrauen unablässig gesteigert.

Aber solche Erhöhung des Menschen kann zwiefach verstanden und begründet werden: einmal so, daß der Mensch wächst, weil er zu schaffenden Lebensmächten ein innigeres Verhältnis gewinnt, sodann aber so, daß er seinem unmittelbaren Dasein nach mehr wird und sich mehr zutraut; jene Überzeugung beherrscht den Aufstieg und die Höhe der modernen Kultur, diese aber die Daseinskultur, die im 19. Jahrhundert mehr und mehr Boden gewann. Die Reformation vollzog unbestreitbar eine große Hebung der menschlichen Kraft, sie hat einen frischeren Mut und mehr innere Selbständigkeit in das Leben gebracht. Aber sie hat das getan nicht durch Steigerung des menschlichen Selbstvertrauens, sondern durch die Eröffnung eines unmittelbaren Verhältnisses der Seele zu Gott; so war es Gott, der die Kraft verlieh, und auf den schließlich alles zurückkommt; von dem eignen Vermögen des Menschen haben die Reformatoren geringer gedacht als die Kirche, von der sie sich trennten. Der Aufklärung verblaßte der religiöse Sinn des Lebens, aber sie wollte keineswegs ihr Werk auf den bloßen, aller Zusammenhänge entkleideten Menschen stellen. Wenn ihre leitenden Denker die Führung des Lebens der Vernunft übertrugen, so setzten sie zugleich größten Eifer daran, die menschliche Vernunft in einer göttlichen zu verankern, nur damit schien jene einen festen Halt und Glaubwürdigkeit zu gewinnen, nur das Teilhaben an solcher Vernunft, nicht die sinnliche Ausstattung, gab dem Menschen eine Größe und Würde. So blieb es auch bei den späteren Lebensgestaltungen, im besondern beim deutschen Humanismus. Das Vorrecht des Menschen wird hier darin gefunden, daß er kraft seines Zusammenhanges mit den innersten Gründen das Ganze des Alls mitzuerleben, ein inneres Verhältnis zu seiner Weite und Tiefe zu finden vermag. Er allein unter den uns bekannten Wesen wird ein Mikrokosmos, er allein steht als Vernunftwesen auf sich selbst und kann sich das Leben aus eigner Entscheidung gestalten, er allein besitzt in solcher Freiheit eine Überlegenheit gegen alle bloße Natur. Niemand hat den Reichtum des menschlichen Lebens und Seins anschaulicher und liebevoller geschildert als Goethe, aber zugleich war niemand eifriger als er darauf bedacht, den Menschen in großen Zusammenhängen zu halten.

Solche die Neuzeit durchdringende Überzeugung gab dem Leben und Streben des Menschen eine eigentümliche Gestalt. Der Mensch trug bedeutende Aufgaben in seiner Seele und strebte zu neuen Höhen auf, ewige Ordnungen sei es des Denkens, sei es des Handelns maßen sein Tun, hielten es in steter Bewegung, richteten seinen Blick über den gegebenen Zustand hinaus; der Mensch war sich selbst ein Ideal.

Dann kam die Wendung zur Daseinskultur und verwarf alle inneren Zusammenhänge. Nun wird der Mensch ganz und gar auf sein unmittelbares Dasein gestellt, und sein Handeln erhält als einziges Ziel den eignen Zustand des Menschen, das heißt hier aber des Individuums, sein subjektives Befinden, sein Glück. Einem begreiflichen Gedankengange schien, wenn alles unsicher wurde, immer doch der Mensch zu verbleiben und mit ihm sein Streben nach Glück, dies dünkte das Allernächste, von keinem Zweifel Antastbare; Fühlen und Handeln schienen nirgends leichter in Bewegung zu setzen als beim Verhältnis von Mensch zu Mensch. So erklärt sich ganz wohl jenes Feuerbachsche Wort: „Gott war mein erster, Vernunft mein zweiter, der Mensch mein dritter und letzter Gedanke.“ In Wahrheit lieferte nach dem Verblassen von Religion und Metaphysik das unmittelbare Zusammensein der Menschen Aufgaben in Hülle und Fülle, und es war ein Vorteil, sie ohne eine Verwicklung in Weltprobleme behandeln zu können. Ferner aber steht hinter jener Wendung zum Menschen auch eine Frage prinzipieller Art, der heute sich niemand entziehen kann. Die früheren Lebensordnungen, nicht nur die der Religion, sondern auch die eines immanenten Idealismus, trugen viel zu sehr einen aristokratischen und exklusiven Charakter, sie begnügten sich viel zu ausschließlich damit, geistige Güter dem Bereich der Menschheit überhaupt zuzuführen und sie dort festzuhalten, und behandelten ihre gleichmäßige Mitteilung an die einzelnen Menschen als eine bloße Nebensache. So wurden die meisten innerlich von der geistigen Bewegung wenig berührt, die schädlichen Folgen dessen blieben nicht aus, wir sehen sie auch in dem jähen Abfall von der Religion. Daher muß es zu einer großen und notwendigen Aufgabe werden, die einzelnen Menschen mehr in die Bewegung hineinzuziehen und ihren Anteil am geistigen wie am materiellen Besitz der Menschheit möglichst zu steigern, das kann auch die Kraft und die Wahrheit des gemeinsamen Lebens nur fördern. Wenn die Daseinskultur sich dieser Aufgabe mit besonderem Eifer annimmt, so wird ihr das niemand verdenken. Aber die Hauptsache bleibt immer der ganze Mensch, nach der Leistung für ihn wird sich der Wert aller besonderen Betätigung bemessen. Was bleibt aber vom Menschen, wenn die Daseinskultur alles aus ihm entfernt, was sein Verhältnis zu Gott oder einer Weltvernunft angeht, wenn ihr das ganze Leben ein Verkehr mit der sinnlichen Umgebung wird? Was anderes ist er dann als ein Naturelement mit einzelnen geistigen Zügen, die sich aber auf diesem Boden nie zu einem Ganzen zusammenfassen und den Naturtrieben gewachsen werden können? Und wenn hier das einzige Ziel seines Strebens sein eignes Wohlbefinden, sein eigner Zustand würde, und darauf alles Tun zu beziehen, daran zu messen wäre, so wäre das eine ungeheure Einengung und Erniedrigung, denn dann bliebe das Streben immer gefesselt an das kleine Ich mit seiner begehrlichen Nichtigkeit, nie könnte es sich in die Sache versetzen und ihrer Notwendigkeit folgen, nie eine innere Gemeinschaft der Liebe und Treue mit Menschen suchen. Sondern immer bliebe der Mensch ein Gefangener seiner selbst, auch bei weitester Ausdehnung seines Handelns würde er unweigerlich festgehalten von der Enge des kleinen Kreises, wie ein angekettetes Tier. Was immer er dabei an sachlichen Zielen ergreift, das muß ihm ein bloßes Mittel für sein subjektives Befinden werden, das kann bei solcher Behandlung weder die volle Hingebung der Seele erlangen noch seine eigne Tiefe erschließen; denn dazu will es notwendig als Selbstzweck behandelt sein. Wenn aber so der Mensch bei Beschränkung auf sich selbst einer Kleinheit und Enge verfällt und alles herabzieht, was er ergreift, so kann er selbst in dem Gelingen keine rechte Befriedigung finden. Denn ganz nahe bei der Lust liegt hier die innere Leere; daß die Steigerung von Genüssen nicht schon echte Befriedigung mit sich bringt, das zeigt unsere eigne Zeit in unwidersprechlicher Weise.

Aber die Daseinskultur hat ihren Haupttrumpf noch nicht ausgespielt, er liegt in dem festen Zusammenschluß der Individuen, wie ihn die Verbindung der Menschheit zu einem organisierten Arbeitsganzen bringt; das schien, wie wir sahen, das Leben aller Kleinheit zu entheben und in sicheren Fortgang zu bringen, in Verschlingung der Kräfte und im gemeinsamen Ringen mit der Umgebung gewann das Leben ein männliches Selbstbewußtsein, und daß hier der eine den anderen stützte, das schien auch einen Einklang der Gemüter zu bewirken, eine innere Solidarität zu sichern; bei Erschließung immer weiterer Aussichten und in unablässigem Anschwellen des Vermögens konnte die Menschheit groß von sich und ihrem Werke denken, im eignen Kreise und durch eigne Kraft die Erfüllung aller Wünsche suchen, ja sich selbst zum Gegenstand der Verehrung werden.

In Wahrheit hat mit dieser Wendung das Leben neue Bahnen eingeschlagen, und diese neue Art umflutet uns mit breiter Tatsächlichkeit, wir stehen inmitten der Entwicklung einer großartigen Arbeitskultur, von der frühere Zeiten keine Ahnung hatten, mit sicherem Vertrauen gehen wir einer Zukunft entgegen, die unbegrenzte Aussichten bietet. Aber daß das Wirken einer solchen Arbeitskultur nach außen hin keine Grenzen hat, das besagt noch nicht, daß sie innerer Schranken ledig ist, daß was in einer besonderen Richtung den Menschen hebt und befriedigt, sein ganzes Leben zu erfüllen, sein ganzes Leben zu werden vermag. Der Mensch ist doch mehr als ein „beseeltes Werkzeug" (Aristoteles), inmitten aller Arbeit bleibt er ein selbständiges Seelenwesen, die Seele aber erschöpft sich nicht in der Arbeit, sondern sie behauptet sich ihr gegenüber und kehrt immer wieder aus ihr zu sich selbst zurück; so gewiß das denkende Wesen die einzelnen Vorgänge überschaut und in ein Ganzes zu fassen strebt, so notwendig verlangt es von der Arbeit nicht nur einen äußeren Ertrag, sondern auch eine innere Förderung; auch die Arbeit bleibt seelisches Erlebnis und will als solches gewürdigt sein; damit erscheinen neue Maße, die auch sie nicht ablehnen kann. Und von hier aus zeigt sich bald, daß die Vorteile der Arbeit keineswegs reine Gewinne sind, daß sie auch Nachteile mit sich bringen, ja daß hinter allen Erfolgen der Arbeit ein Problem des Gesamtbefindens ungelöst liegen bleibt; ein solches Problem aber mag sich zeitweilig zurückdrängen lassen, dauernd verschwinden kann es nicht.

Die Seele des denkenden Wesens verlangt ein Beisichselbstsein und sucht in ihm einen Inhalt des Lebens, die Arbeit richtet das Streben auf den Gegenstand und hält es leicht bei ihm so sehr fest, daß die Seele sich selbst entfremdet wird, jene legt auseinander, während die Seele nach Einheit verlangt; das Seelenleben will zur vollen Befriedigung den ganzen Umfang seiner Kräfte entwickelt haben, die Arbeit verwendet nur einen kleinen Teil der Kraft, einen immer kleineren, je weiter sie sich verzweigt; das Seelenleben kann das erstrebte Beisichselbstsein nicht in dem bloßen Durchlaufen eines Nacheinander finden, es bedarf dafür eines Überschauens und eines Zusammenfassens, es muß einen festen Punkt allem Wandel entgegenhalten, die Arbeit im Bereich der Daseinskultur wirft den Menschen in einen rastlosen Strom hinein, der ihn ganz und gar an den jeweiligen Augenblick bindet und ihm keine Möglichkeit einer Selbstbesinnung und Selbstvertiefung gewährt.

Alles zusammen zeigt, daß die Arbeit nur eine gewisse Fläche, nicht den ganzen Umfang und im besondern nicht die letzte Tiefe des Lebens einnimmt, wir werden sehen, daß die Arbeit als geistige nur gelingen kann, sofern sie aus solcher Tiefe schöpft, sofern sie Bekundung und Ausstrahlung eines beisichselbstbefindlichen Lebens ist; wie die Arbeit einen Charakter nur gewinnt, wenn der Mensch mehr ist als seine Arbeit, so muß auch die Arbeitskultur, um nicht ein seelenloser Mechanismus zu werden, auf einem tieferen Leben der Menschheit ruhen. Auf eine solche größere Tiefe weisen auch die Probleme des menschlichen Zusammenseins. Denn es ist klar, daß dies Zusammensein nicht in die Verbindung zur Arbeit aufgeht, es genügt nicht, daß sich die Kräfte nur im Wirken berühren und verschlingen, wir fordern auch eine Verbindung von Seele zu Seele, ein Miteinanderleben, Verständnis und Teilnahme für einander, wir wollen uns auch im inneren Ergehen gegenseitig nicht gleichgültig sein. Hier aber läßt uns die bloße Arbeitskultur ganz und gar im Stich. Mag sie die Menschen äußerlich noch so eng verschlingen, ihre Seelen überläßt sie voller Vereinsamung, mögen die Leistungen sich noch so glücklich zu einem gemeinsamen Ergebnis zusammenfinden, wie z. B. bei einem großen Bau oder einem komplizierten Betriebsmechanismus, gegenseitige Liebe, freundschaftliche Teilnahme, inneres Zusammenhalten entsteht daraus nicht so leicht. So wurde wohl mit gutem Grunde gesagt, daß die einzelnen Glieder einer großen Beamtenorganisation bei uns im Verhältnis einer „halbfeindlichen Neutralität" zu stehen pflegen (J. Goldstein). Ja, daß die Gesinnung der Zusammenarbeitenden bis zur schroffsten Verfeindung auseinandergehen kann, das zeigt einleuchtend die Gegenwart mit ihren sozialen Kämpfen. Hat alles Wachstum und aller Zusammenschluß der Arbeit verhindert, daß heute die Menschheit mehr und mehr in Gegensätze und Parteien zerfällt, und daß inmitten aller technischen Siege wir als Menschen mehr und mehr in eine babylonische Sprachenverwirrung geraten?

Kurz, der lebendige Mensch, der Mensch als Ganzes, geht nicht einfach auf in die Arbeit; sofern er sich aber behauptet, besteht er auf seinem Recht, will er nicht nur in seinem individuellen Leben gefördert und befriedigt werden, sondern ersehnt und erstrebt er auch für das Ganze der Menschheit eine innere Hebung, ein echtes Wohlsein. Wie wenig leistet aber dafür die Daseinskultur mit ihrer Aufhebung aller Möglichkeit einer inneren Wandlung, alles Durchdringens zu neuen Tiefen! Sie hat dem großen Problem gegenüber nichts anderes aufzubieten als die Hoffnung, daß im Zusammensein der Menschen das Gute und Wahre sich zusammenfinde, das Schlechte und Falsche ausgeschieden werde; es sollen im gemeinsamen Leben aus dem Durcheinander der Meinungen unangreifbare Wahrheiten hervorgehen und dem Zusammenstoß der Interessen gemeinsame Ziele überlegen werden. So der Glaube an eine Summierung der Vernunft in der Masse und zugleich ein Vertrauen auf die Macht der großen Zahl; je mehr Menschen zusammenkommen und zusammenwirken, desto besser scheint die Stellung der Vernunft, desto sicherer die Abweisung aller Kleinheit und Verkehrtheit. So ein Glaube, der schon Jahrtausende alt ist, den aber erst die Neuzeit zu voller Entwicklung gebracht hat.

Wie wenig begründet ist aber in den Zusammenhängen der Daseinskultur ein solcher Glaube, und wie wenig bestätigt ihn die Erfahrung! Die Verbindung der Menschen kann den Gesamtstand nur erhöhen, wenn sie unter der Herrschaft eines den individuellen Zwecken überlegenen Zieles, unter dem Zwange großer Aufgaben, unter der Leitung einer Idee erfolgt. Alsdann mögen Staat und Vaterland den Einzelnen über der Sorge um das Ganze sein eignes Wohl gänzlich vergessen lassen, alsdann der Gedanke der Menschheit zu schwersten Opfern treiben. Wie aber könnte die bloße Daseinskultur mit ihrem äußerlichen Zusammenbringen der Menschheit solches leisten, ja auch nur verständlich machen? Aus der Berührung der Elemente, worüber sie nicht hinauskommt, können nur gewisse Durchschnitte, gewisse Massenwirkungen entstehen, Verbreiterungen, die eher Verflachungen als Erhöhungen sind. Was dabei an Ausscheidung individuellen Eigensinns und individueller Zufälligkeit gewonnen wird, das wird teuer genug erkauft durch die Abschleifung alles Charakters und eine schablonenhafte Gestaltung des Lebens. Die Erfahrung der Geschichte zeigt mit unwidersprechlicher Deutlichkeit, daß die großen Weiterbildungen, namentlich die inneren Erneuerungen des Lebens, weit mehr im Gegensatz und in hartem Kampf mit jenen Durchschnitten als in bloßer Zusammenfassung ihrer entstanden sind; sie haben alle miteinander das Leben über jenen kläglichen Durchschnitt erhoben. Das wunderbare Gleichmaß, das uns bei den Meisterwerken der griechischen Kunst entzückt, und die sichere Weltüberlegenheit, die aus dem philosophischen Schaffen der Griechen spricht, sie sind in entschiedenem und oft auch bewußtem Gegensatz zur Unruhe des griechischen Alltags und zur griechischen Überspannung der Sorge um die „umkämpften Güter“ (Aristoteles) entstanden. Wenn ferner die Reformation den moralischen Grundcharakter des Christentums mit verstärkter Kraft zur Geltung brachte, so geschah das nicht, weil die Zeitumgebung ihr das freundlich entgegentrug, nicht als ein Niederschlag der Umgebung, sondern aus ehrlichem, aus heiligem Zorn über eine laxe und frivole Zeit. Die Massenbewegungen können hier höchstens vorbereiten oder auch Fragen stellen; beim Versuch einer klaren und deutlichen Antwort wird sich gar bald ergeben — so zeigt es einleuchtend eben die Gegenwart —, daß bei diesen Dingen die Summierung vollständig versagt, daß das Kleine auch durch größte Anhäufung ebenso wenig groß wird, wie aus einer unbegrenzten Ansammlung von Zwergpflanzen ein Riesenbaum hervorgeht; ja das Kleine im menschlichen Kreise wird bei solcher Anhäufung nur noch kleiner, indem es dadurch mehr Selbstbewußtsein gewinnt und sich aller inneren Bindung noch zuversichtlicher glaubt entledigen zu dürfen. Solches Selbstbewußtsein des Kleinen ist es, was jenes Ordinäre, jenes Niedrige der Gesinnung erzeugt, das allem geistigen Schaffen todfeindlich entgegensteht. Dieses ganze Spiel der Kleinkräfte, das den Durchschnitt des menschlichen Lebens einnimmt, wie wenig wiegt es auf sein geistiges Vermögen angesehen! Lauter einzelne Lebenspunkte, deren Ansprüche und Begierden ins Unendliche gehen, und die bei allen Fragen zunächst auf den eignen Vorteil bedacht sind, diese Punkte durch die Verschränkung des Kulturlebens ineinandergeschoben und leidlich gezähmt, aber doch nur äußerlich gezähmt, so daß jeden Augenblick die innewohnende schrankenlose Selbstsucht mit zerstörender Kraft hervorbrechen kann; diese Lebenspunkte sich gegenseitig mit stumpfer Gleichgültigkeit oder mit neidischer Scheelsucht betrachtend, von innerem Widerwillen gegen alles Große erfüllt, das für sie nur einen lästigen Druck bedeutet, zugleich aber ängstlich darauf bedacht, in den Augen der anderen, ja sogar gegen sich selbst einen besseren Schein zu wahren und daher in ständiger Heuchelei begriffen, dieses traurige Gemisch, diese unlautere Atmosphäre sollte die geistige Heimat des Menschen, sollte der Urquell menschlicher Größe sein!

Die politischen und sozialen Kämpfe pflegen die Hoffnung in sich zu tragen, es werde eine Umgestaltung des gesellschaftlichen Zusammenseins in der Richtung, die man erstrebt, eine innere Erhöhung, ja eine völlige Erneuerung der Menschheit bewirken, am stärksten ist dieser Glaube zur Zeit in den Kreisen der Sozialdemokratie. Aber einen Grund hätte dieser Glaube nur bei der Überzeugung vom Walten einer größeren Tiefe im Menschenwesen, die durch die erstrebte Wandlung könnte zu vollerer Erweisung gelangen; fehlt aber eine solche Überzeugung — und der Daseinskultur muß sie fehlen —, so braucht man sich nur von der Aufregung des Augenblicks zu einem Überblick des Ganzen zu erheben, um das Trost- und Hoffnungslose alles solchen Strebens zu durchschauen. Innerhalb der Schranken der Daseinskultur steht bei jenen Kämpfen in Frage immer nur die Verlegung der Macht an eine andere Stelle, der eine soll weichen, damit der andere seinen Platz einnehme; dabei mag der Aufstrebende die Hoffnung hegen, mit seinem Sieg zugleich den Gesamtstand zu heben, ist aber der Sieg errungen, so erweist sich alsbald die alte Art, schließlich finden wir überall denselben Menschen, dieselben

Triebe, dieselben Leidenschaften, und wir sehen diesen Menschen nicht wachsen, wenn er als Masse auftritt.

Nun bleibt der Daseinskultur noch eine Hoffnung und Zuflucht, die Hoffnung, daß die Geschichte durch die Ansammlung der Zeiten und Leistungen allmählich einen höheren Stand unseres Daseins erzeuge, uns über uns selbst erhebe. Aber auch hier erscheint sofort dasselbe Dilemma, das sich beim gesellschaftlichen Leben fand: entweder geht innerlich mehr in der Geschichte vor, oder sie kann jene Leistung nicht erbringen. Das bloße Nacheinander der Zeiten bewirkt keineswegs schon einen Zusammenschluß der Vernunft, einen Ausschluß der Unvernunft, auch für den Fortgang in der Geschichte bedarf es eines Unterscheidens, Wählens und Richtens, bedarf es einer den Meinungen und den Interessen der Individuen überlegenen Macht, welche auch gegen den Widerstand der Menschen die Wahrheit durchsetzt und der Verirrung Widerstand leistet. Da die Daseinskultur eine solche Macht nicht kennt, so bleibt ihr das Nacheinander der Geschichte ohne einen inneren Zusammenhang, die Vergangenheit läßt sich hier nicht mit der Gegenwart zu einer inneren Einheit zusammenfügen, so muß sie wie ein schwerer Druck auf unserem Leben lasten. Wie wenig die Geschichte in ruhigem Aufbau und sicherem Fortgang geistig eine Pyramide errichtet, das sollten besonders die nicht verkennen, welche der Religion einen Krieg auf Leben und Tod erklären, denn dann enthielte die Geschichte ja einen schroffen Bruch, und was die eine Zeit errang, wäre für die andere gänzlich verloren, gereichte ihr nur zum Anstoß und Widerspruch.

Innere Kleinheit bei äußerer Größe, bunte Fülle der Leistung und völlige Leere im Innern, das ist das Zeichen der bloßen Daseins- und Menschenkultur. Sie kann nicht hindern, daß das Kleine der Gesinnung in alle Verhältnisse eindringt, auch die Arbeit umspinnt und erniedrigt, nicht hindern, daß mit herrlichen wissenschaftlichen, künstlerischen, technischen Leistungen sich oft eine jämmerliche Kleinheit menschlicher Denkart verquickt. In diesem Zusammenhange muß auch die an sich höchst wünschenswerte, ja dringend notwendige Ausbreitung der Kultur auf breite Massen schwere Bedenken erwecken. Solche Ausbreitung muß unvermeidlich das Lebensniveau erniedrigen, wenn nicht der Verteilung der Güter und der Macht eine energische Mehrung des geistigen Besitzes der Menschheit, eine kräftige Urerzeugung geistiger Güter zur Seite geht; ist das nicht der Fall, so unterliegt das Geistesleben dem bloßen Menschentum und verfällt zugleich einer inneren Zerstörung. Es zeigt sich dann deutlich, daß der Mensch keinen größeren Feind hat als den Menschen selbst.

Diese Kleinheit, diese Hoffnungslosigkeit der bloßen Menschenkultur kommt der Gegenwart immer deutlicher zum Bewußtsein, schon das ist von Wert und eine Wendung zum Bessern. Wir durchschauen immer mehr das leere Phrasentum von menschlicher Größe und Würde, an dem sich frühere Zeiten berauschten, wir beginnen im Menschen als bloßem Menschen weniger die Größe als die Kleinheit zu sehen, wir fühlen uns von dem Kleinmenschlichen, dem „Allzumenschlichen“ überall in so verdrießlicher und aufdringlicher Weise umschlungen, so ermüdet und niedergedrückt, daß tiefere Seelen ein heftiger

Überdruß an jenem Getriebe und ein starkes Verlangen nach Befreiung davon ergreift. Ohne eine solche Sehnsucht hätte der wunderliche Gedanke des „Übermenschen" nicht so viel Bewegung erzeugt. Findet der Mensch aber so viel Verwicklung bei sich selbst, und scheitert alle Bemühung, vom nächsten Dasein aus seinem Leben einen Sinn und Wert zu geben, so ist die Zeit vorbei oder doch im Schwinden begriffen, wo jede Überschreitung jenes Daseins als eine verderbliche Irrung erschien. Die bloße Menschenkultur hat im weltgeschichtlichen Leben die Probe auf das Exempel gemacht und diese Probe nicht bestanden, ihre eigne Entwicklung ist ihr zu einem Sichausleben, zu innerer Erschöpfung geworden, sie hat an ihr unübersteigbare Grenzen herausgestellt. So ist die Menschenkultur nicht sowohl von außen angegriffen, sondern sie selbst hat sich aufs bündigste widerlegt.

c) Die innere Gestaltung der Arbeit.

Daß die Arbeit das Ganze des Lebens nicht ausfüllt, das trat uns deutlich vor Augen, aber die Probleme reichen weiter auch in das innere Gewebe der Arbeit hinein, und es zeigt sich auch hier, daß was das Ganze der Neuzeit in großem Sinne unternahm, durch Verengung in ein arges Stocken gerät, und daß sich auch hier der Gewinn in einen Verlust zu verwandeln droht.

Es war ein Wachstum der Lebensenergie, das den modernen Menschen mit der bisherigen Fassung und Behandlung der Dinge brechen hieß; zu unmittelbar war dort das menschliche Seelenleben in alle Umgebung hineingetragen; indem Mensch und Welt, Subjekt und

Objekt rasch in Eins zusammenflossen, konnte keins von beiden seine Eigentümlichkeit rein entfalten, das Ganze des Lebens aber nicht zu voller Klarheit und Weite gelangen; denn dieses scheint nur möglich bei Anerkennung jenes Gegensatzes. „Im Mittelalter lagen die beiden Seiten des Bewußtseins — nach der Welt hin und nach dem Innern des Menschen selbst — wie unter einem gemeinsamen Schleier träumend oder halbwach. Der Schleier war gewoben aus Glauben, Kindesbefangenheit und Wahn; durch ihn hindurchgesehen erschienen Welt und Geschichte wundersam gefärbt, der Mensch aber erkannte sich nur als Rasse, Volk, Partei, Korporation, Familie oder sonst in irgendeiner Form des Allgemeinen. In Italien zuerst verweht dieser Schleier in die Lüfte; es erwacht eine objektive Betrachtung und Behandlung des Staates und der sämtlichen Dinge dieser Welt überhaupt; daneben aber erhebt sich mit voller Macht das Subjektive, der Mensch wird geistiges Individuum und erkennt sich als solches“ (Jakob Burckhardt).

Das vornehmlich gibt dem modernen Leben und Streben einen eigentümlichen Charakter, daß Kraft und Gegenstand, Subjekt und Objekt jetzt deutlich auseinander treten, jedes seinen eignen Weg verfolgt, jedes seine besondere Art entfaltet. Das verwandelt das Leben vom Grunde her in eine Aufgabe allesumfassender Art, es hat den Gegenstand, der sich weiter von ihm entfernt, aber ihm keineswegs ganz entschwindet, innerlich festzuhalten. Die seelische Regung erhält jetzt einen Gegenwurf, mit dem sie sich auseinandersetzen muß, sie hat einen Widerstand zu überwinden und gewinnt in solchem Versuche selbst mehr Kraft und Durchbildung. Das Ganze dieser Scheidung wirkt zu energischer Klärung des Lebens und zu möglichster Austreibung aller engmenschlichen Art, alles Anthropomorphismus in Begriffen wie in Zielen; daher wurde auch der alte Begriff der Persönlichkeit unzulänglich für Weltbegriffe. Diese Scheidung und Klärung ist die Voraussetzung der modernen Wissenschaft, der Ausbildung eines geschichtlichen Bewußtseins mit seinem deutlichen Auseinanderhalten von Gegenwart und Vergangenheit, die Voraussetzung aber auch des schärferen Prüfens und kräftigeren Eingreifens des modernen Menschen in den vorgefundenen Weltstand. Durch solches Scheiden und Wiederzusammenbringen von seelischer Regung und Vorwurf, von Subjekt und Objekt wird die Tätigkeit erst zur vollen Arbeit, welche den Gegensatz umspannt und beide Seiten zusammenhält.

In der Durchführung dieser Aufgabe scheiden sich aber deutlich zwei Stufen: die beiden Seiten können in einem Nebeneinander verbleiben und sich bei solchem Stande mehr äußerlich berühren, oder es kann sich ein umfassendes Ganzes bilden, das die Seiten kräftiger aufeinander bezieht, sie einander durchdringen läßt und sie miteinander weiterbildet. Jene Arbeit ist mehr mechanischer, diese allein echt geistiger Art, jene ist dem Handwerker, diese dem Künstler eigen; während jenem der Gegenstand innerlich fremd und gleichgültig bleibt, zieht dieser ihn in sein Wesen hinein, ja findet er in ihm sein Wesen. Die Höhe der Neuzeit folgt der künstlerischen Art. Denn bei ihren großen Dichtern und Denkern wird der Gegenstand nicht draußen wie etwas Fremdes stehen gelassen, sondern er wird auf den eignen Boden der Seele versetzt und dort mit Leben erfüllt; treffen jetzt Kraft und Gegenstand zusammen, so ist das ein Ringen von Leben zu Leben, ein Sichsuchen des ganzen Wesens; zur Hauptaufgabe wird nunmehr der Gewinn einer überlegenen Einheit, die mit zündender Kraft das Tote belebt, das Dunkle erleuchtet, das Ganze zu innerer Einheit führt. Das erst erhebt die Arbeit zum Schaffen. Bei der Kunst ist das sonnenklar, aber auch der Denker muß insoweit Künstler sein, als auch er seinen Gegenstand nicht aus gestaltendem Wirken herausfallen und zu einem abgesonderten Sein erstarren lassen darf, sondern nach gehöriger Scheidung von Subjekt und Objekt beide in einen erhöhenden Lebensprozeß hineinziehen muß. Auch er hat nicht ein draußen gelegenes Dasein bloß abzubilden. Diese innere Verbindung von Subjekt und Objekt, diese Überwindung ihres Gegensatzes wird aber nur unter einer Umkehrung der ersten Lage erfolgen können, durch ein Erringen eines neuen Lebensstandes, eines bei sich selbst befindlichen Lebens, für das jene beiden Seiten Entfaltungen und Erweisungen eines tiefer gegründeten Ganzen bedeuten.

Ohne den Gewinn einer neuen Welt müßten wir stets unter der Macht und den Schranken des Gegensatzes verbleiben, nur geistiges Schaffen kann diesen zugleich festhalten und überwinden. So trägt hier die Neuzeit in sich eine große Aufgabe innerer Art, es gilt durch energische Scheidung hindurch neue Zusammenhänge des Lebens zu finden, der notwendigen Zerlegung eine überlegene Verbindung entgegenzuhalten. Das stellt die ganze Arbeit vor neue Forderungen, das muß alle Begriffe umgestalten. So z. B. auch den der Persönlichkeit.

Wird die Arbeit so eng mit dem geistigen Schaffen verbunden und verlangt ihr Gelingen so sehr eine Atmosphäre überlegener Innerlichkeit, so kann hier das Verhältnis zur Religion wohl manche Verwicklung, aber keinen schroffen Gegensatz bringen. Anders steht es natürlich, wenn die strenge Daseinskultur jenes Schaffen und jene Innerlichkeit ganz und gar verwirft, aber es zeigt sich dann bald, daß die Arbeit selbst ins Stocken gerät, indem sie die begonnene Bewegung nicht zu Ende zu führen vermag, im Gegensatze erstarrt und zugleich alle innere Beseelung verliert. Da dann die beiden Seiten sich nicht mehr innerlich zusammenbringen lassen und keine belebende Seele aus der Verbindung hervorgehen kann, so muß jede von ihnen eine arge Verkümmerung erleiden. Das Objekt, dem nicht mehr vom Subjekte Leben zuströmt, wird immer mehr alle lebendige Farbe verlieren und sich mehr und mehr in ein Gewebe vager Umrisse, bloßer Beziehungen, leerer Formen und Formeln verwandeln. Das Subjekt aber, das am Objekt keinen festen Richtpunkt mehr hat, wird voller Unsicherheit verfallen und durch leeres Grübeln und Sehnen jenen Verlust vergeblich zu decken suchen.

Eine solche Wendung, ein solches Erlahmen der Tätigkeit mitten im Wege zeigt aber die Neuzeit im Sinken zur Daseinskultur durch alle Verzweigung der Lebensgebiete. Die Wissenschaft kann dann nirgends freudig und hoffnungsvoll den Aufstieg zum Erkennen wagen, da dies ein Ansichziehen und eine Belebung des Gegenstandes fordert, sondern sie bleibt überall auf ein Feststellen, Registrieren und Ordnen von Erscheinungen beschränkt, die dem Menschen innerlich fremd sind; jeder belebende Gedanke muß ihr als eine Anmaßung des Subjekts, als ein trügerisches Irrlicht erscheinen. Das müßte eine Behandlung der Geschichte ergeben, welche aufs gewissenhafteste zusammenstellt, was sich an äußeren Zügen von der Vergangenheit heute noch ermitteln läßt, die aber jede seelische Belebung als einen Verstoß gegen die Objektivität einer exakten Behandlung ängstlich scheut. Auch das praktische Leben wird ähnliche Erscheinungen zeigen. Wir können in emsiger Geschäftigkeit die Zustände um uns verbessern, viel für einander gegenseitig tun, aber wir können uns nicht innerlich zusammenfinden, nicht innerlich miteinander wachsen. Und am wenigsten können wir an eine innere Erhöhung der Menschheit denken. Es wird heute viel über Formalismus und Bureaukratismus im gesellschaftlichen Leben geklagt, aber ist jener nicht der naturgemäße Ausdruck, die notwendige Folge eines Lebens, das innerlich auseinanderfällt und dem daher belebende Ideen fehlen? Der Geist wird überall zugunsten eines seelenlosen, aber sicher verlaufenden Mechanismus ausgetrieben, und das heißt dann Exaktheit oder Objektivität. Schranken sind überall dem menschlichen Wirken gesetzt, aber es ist etwas anderes diese Schranken schmerzlich zu empfinden und ihnen nach Kräften entgegenzuwirken, etwas anderes sich ihrer zu freuen und alles zu verpönen, was Geist in das Leben bringen möchte.

Schließlich zerfällt dem modernen Menschen das Leben in den Gegensatz subjektiver Zuständlichkeit und seelenloser Gegenständlichkeit, unablässig wird das Streben von der einen Seite zur andern geworfen, und da die Erfolge der einzelnen Seiten nicht zur Weiterbildung des ganzen Menschen dienen, so ist das Endergebnis ein tiefes Unbehagen inmitten glänzender Erfolge.

Bei solcher Lage müssen schaffende, die Arbeit beseelende, die Menschen leitende Persönlichkeiten seltener und seltener werden, und die Gebiete, welche wie die Religion, die Philosophie, die große Kunst auf solche Persönlichkeiten angewiesen sind, werden in ein Stagnieren geraten; durchgängig mag die Technik staunenswert wachsen, all ihr Wachstum bietet keinen Ersatz für das Schwinden belebenden Geistes. Der Parteigänger der Daseinskultur mag das alles in schönster Ordnung finden uud als einen Sieg seiner Denkart begrüßen; wo keine großen Probleme, da sind auch keine großen Gefahren, da ist das Leben genügend herabgestimmt, um sich gegen schwere Verwicklungen sicher zu fühlen. Die Menschheit als Ganzes aber wird ein anderes Urteil fällen, denn sie muß am eignen Leben und Wesen erfahren, daß jener vermeintliche Gewinn in Wahrheit eine Preisgebung alles Beisichselbstseins und eine Auslieferung an eine völlige Leere bedeutet. Mit dem Wachstum solcher Empfindung aber gestaltet sich ihr das Streben notwendig zu einem Kampf um eine geistige Selbsterhaltung, und wenn ein solcher Kampf einmal mit voller Kraft aufgenommen wird, so braucht über den Ausgang keine Sorge zu sein. Steigen damit aber nicht alle Probleme wieder auf, welche die Daseinskultur schon erledigt glaubte?

Es war die Tatsache der Erschütterung und vielfachen Verneinung des Christentums, die uns das eigne Vermögen der modernen Kultur zu prüfen zwang. Denn es zog jene Verneinung ihre Kraft weniger aus einzelnen Gründen als aus einer Umwandlung des gesamten Lebens, die das Sinnen und Streben des Menschen in neue Bahnen lenkte und dabei immer mehr in Gegensatz zum Christentum kam. Gereicht das Vordringen dieser Bewegung ihm zu Schaden, so muß es ihm als eine Befreiung vom Gegendruck und als Anbahnung unbefangener Würdigung förderlich sein, wenn jene auf unüberwindliche Hemmungen stößt und dadurch ins Stocken gerät. Das ist eine Art von indirekter Beweisführung, sie kann zum mindesten vor übereiltem Abschluß warnen.

Nun stellte sich in Wahrheit heraus, daß die moderne Bewegung alles eher als einen glatten Abschluß bedeutet. Wohl steckt in ihr etwas, das im Grunde niemand anfechten kann und das sich unmöglich zurücknehmen läßt; sie hat den gesamten Lebensprozeß weitergebildet, indem sie ihn wacher, freier, tätiger machte, sie hat dem Menschen mehr männliche Selbständigkeit gegeben und ihn dadurch in ein anderes Verhältnis zur Welt und zu sich selbst gebracht. Aber diese Bewegung war mehr ein Beginn als ein Ende, sie fragte mehr als sie beantworten konnte, sie warf den Menschen in ungeheure Verwicklungen hinein. Und es war dabei nicht zu verkennen, daß die gewaltige Steigerung der Kraft, die sie brachte, im Wirken selbst immer etwas voraussetzt, was mehr ist als sie selbst, etwas, woran sie sich hält und zu dem sie zurückkehrt, eine Innerlichkeit des Lebens und eine Weltüberlegenheit, wie sie solche weder entbehren noch aus eignem Vermögen aufbringen kann. Dieser tiefere Grund des Lebens hielt die Neuzeit auch bei äußerer Befehdung in einem inneren Zusammenhang mit dem Christentum; sollte es zufällig sein, daß die meisten ihrer führenden Geister bei vielfach scharfer Kritik der überkommenen Art des Christentums es als Ganzes nicht völlig aufgeben wollten, sondern eben beim Kern ihrer Überzeugung eine Verständigung mit ihm erstrebten? Im innern Gewebe des modernen Schaffens laufen eine Abwendung und eine Zurückwendung zum Christentum oft wunderlich durcheinander, augenscheinlich ist hier die Sache noch nicht genügend geklärt.

Einen unversöhnlichen Gegensatz brachte dagegen, wie wir sahen, die Zuspitzung zu einer bloßen Daseinskultur, einer Kultur, die den Menschen ganz und gar in die Weltumgebung aufgehen läßt. Aber je mehr diese Kultur sich des ganzen Feldes bemächtigte, je kräftiger sie ihre Eigentümlichkeit herausbildete, und je mehr sie alle erborgte Zutat abwarf, desto deutlicher erwies sie sich als eine innere Zerstörung. Denn was immer die stärkere Befassung des Lebens mit der sichtbaren Welt an Früchten gezeitigt hat, das gelang nur unter Voraussetzung und mit Hilfe eines jener Welt überlegenen Geisteslebens; die Zurückziehung dieses Geisteslebens ließ das Dasein in einzelne Stücke zerfallen und den Lebensstand sinken und sinken. Die Welt ward ein bloßes Nebeneinander undurchsichtiger Elemente, und das daran gebundene Leben verlor alle innere Einheit, alle Selbständigkeit, allen eignen Gehalt; der Mensch ward hier nicht mehr als das Befinden des engen Ich, und was daraus an Kleinheit hervorging, das ward durch die Wendung zur Masse eher in seiner Kleinheit bestärkt als zur Größe gehoben; die Arbeit aber, von allen weiteren Lebenstiefen abgeschnitten, verfiel einer seelenlosen Mechanisierung; zwischen ihrem Mechanismus und einer leeren Subjektivität ward der Mensch gespalten und unsicher hin- und hergeworfen. Solches Endergebnis ruhig, ja freudig hinnehmen können nur flache Seelen, denen der Verzicht auf ein geistiges Selbst keinerlei Schmerz bereitet, die Menschheit als Ganzes kann es nicht; schaut sie aber aus nach Rettung vor solcher Zerstörung, so kann sie gar nicht anders als eine Fühlung mit dem Unternehmen des Christentums suchen, dem Leben eine Seele zu geben und es über alle Verwicklungen des Daseins hinaus zu sicherer Höhe zu führen. So kommt unter völligem Umschlag der Stimmung in die Menschheit wieder eine Sehnsucht nach mehr Tiefe des Lebens, nach einer Befreiung von dem Druck der Welt und der Scheinhaftigkeit der bloßen Menschenkultur, ein Verlangen nach mehr Einfalt des Herzens und mehr Ursprünglichkeit des Schaffens. Gewiß bildet solches Verlangen einstweilen noch einen Unterstrom, während die Oberfläche der Verneinung zu folgen und die Zerstörung als eine Befreiung zu preisen noch fortfährt. Aber der Unterstrom gewinnt zusehends an Kraft, bei ihm ist die Seele der Zeit, so hat er die Gewähr der Zukunft.

Indes bedeutet solche Wiederannäherung der Zeit an die Seele des Christentums keineswegs eine einfache Rückkehr zur überkommenen Art des Christentums.

Denn so viele Schranken die moderne Bewegung haben mag, sie hat viel zu viel nicht nur äußerlich verschoben, sondern auch innerlich umgewandelt, um nicht eine tiefe Kluft zwischen jener und uns zu ziehen. Das eben ist es, was die gegenwärtige Lage gespannt und unsicher macht, daß wir die Unzulänglichkeit des Neuen klar durchschauen und doch nicht das Alte wie es war wieder aufnehmen können. Je mehr wir diese Lage überdenken, und je eifriger wir uns um einen festen Halt bemühen, desto deutlicher finden wir uns in einer geistigen Krise, einer Krise, wie sie in solcher Stärke und Ausdehnung kaum eine andere Stelle der Geschichte erlebte. Denn sonst vollzogen sich auch die härtesten Kämpfe innerhalb einer gemeinsamen Gedankenwelt und ließen gewisse Grundüberzeugungen unberührt, heute scheint, wenigstens dem ersten Eindruck nach, alles ins Wanken geraten; nie griff der Zweifel so tief in die Grundelemente zurück, nie ward so leidenschaftlich und unter so weitem Auseinandergehen über die Hauptrichtung des Lebens gestritten, nie hat grübelnde und tastende Reflexion dem menschlichen Bewußtsein allen Lebensbestand so sehr zersetzt und verflüchtigt.

Wie mit solcher kritischen Lage alles Unternehmen der Gegenwart rechnen muß, so enthält sie auch für die Behandlung des religiösen Problems eine bestimmte Wegweisung. Die Erschütterung des Lebens teilen alle einzelnen Gebiete, so kann sich in keinem von ihnen Festigkeit finden, ohne daß eine solche für das Ganze gewonnen wird, so läßt sich auch das religiöse Problem nicht abgesondert behandeln, sondern es hängt am allgemeinen Lebensproblem. Zu einer festen Überzeugung vom Christentum werden wir daher nun und nimmer gelangen ohne eine energische Besinnung darauf, was im Ganzen unseres Lebens vorgeht, ohne eine Verständigung darüber, wie sich aus der Kraft dieses Ganzen den Problemen der Gegenwart gewachsen zu werden hoffen läßt. Ja es ist nicht zu viel gesagt, daß bei der durchgehenden Erschütterung kein Wiedererstarken der Religion erfolgen kann ohne ein Wiedererstarken des Geisteslebens überhaupt, daß nur in Verbindung mit einer gesamtgeistigen Reform eine religiöse Reform gelingen kann. Daher handelt die wissenschaftliche Erörterung dieser Fragen im eignen Interesse der Religion, wenn sie die direkte Beziehung zu ihr einstweilen zurücktreten läßt, um sich zunächst über das Ganze des Lebens einigermaßen zu orientieren. Nur von da aus läßt sich hoffen über alles bloße Fragen hinaus zu einer Antwort vorzudringen.

B. Grundlegung für eine Antwort.

I. Das Erscheinen eines neuen Lebens.

a) Das Problem.

Mit der Hoffnung, durch eine Orientierung über die gegenwärtige Lage vorwärts zu kommen, scheint es zunächst aber schlecht bestellt. Denn ein bloßes Überschauen jener Lage mit all ihren Widersprüchen könnte nicht weiter führen, es würde die Verwirrung eher noch steigern, wie denn in der Tat das heute übliche, ebenso beliebte wie bequeme Reflektieren und Räsonnieren über die Art und die Mängel der Zeit nur immer tiefer in die Ungewißheit verstrickt. Fördern könnte nur eine Betrachtung, die sich zu einem Entdecken gestaltete, die uns mehr in den Dingen zeigte, als wir heute zu sehen gewohnt sind. Zu einer solchen Betrachtung gelangen wir aber in der Tat bei Vergegenwärtigung und Erwägung dessen, daß die Begrenzungen und Widersprüche der heutigen Lage nicht von außen an uns kommen, sondern aus unserem eignen Leben entspringen; dies Leben selbst muß ihnen irgendwie überlegen sein, wenn es sie als Mängel und Schäden empfindet. Wie jeder Schmerz in geistigen Dingen eine Tiefe der Seele verrät, so bekundet auch eine

Kleinheit, die nicht wie selbstverständlich hingenommen, sondern als Schmerz und Schaden empfunden wird, eine, wenn auch zunächst versteckte und weiter zurückgelegene Größe; darin hat Hegel recht, daß wer eine Schranke fühlt, irgendwie schon darüber hinaus ist. Wir Menschen wollen nicht ein unselbständiges Stück eines seelenlosen Weltgetriebes werden, die Bindung alles Lebens und Strebens an den Zustand der Individuen erscheint uns als ein erniedrigendes Sklaventum, wir widersprechen der Flachheit und Unlauterkeit einer bloßen Menschen- und Massenkultur, wir sträuben uns gegen die Mechanisierung der Arbeit und die Preisgebung aller Ideen; könnten wir das alles, wenn die Grenzen der Daseinskultur die Grenzen alles menschlichen Lebens wären, wenn nicht in uns irgendwelches Verlangen nach einem Erleben des Ganzen, nach innerer Selbständigkeit, nach einem geistigen Gehalt der Tätigkeit vorhanden wäre nnd wirkte? Auch der Gedanke der Kraftentwicklung und Kraftsteigerung, der die ganze Neuzeit erfüllt, könnte nicht inmitten aller Erregung so viel Leere empfinden lassen, wenn nicht in uns etwas wäre, was über die Kraft hinausreicht und sie einem weiteren Leben einzufügen strebt. Selbst das Auseinandergehen des Lebens nach verschiedenen Richtungen kann nur einem solchen Wesen empfindlich und schmerzlich sein, das eine umfassende Einheit verlangt. Warum lassen wir sonst nicht unbedenklich das Leben hier dieser dort jener Anregung folgen und damit in verschiedene Stücke zerfallen, wie es frühere Zeiten taten?

Schon von hier aus betrachtet gewinnt der Stand der Gegenwart ein anderes Licht als bisher. Wir sahen in ihm bis dahin vornehmlich die Grenzen und Widersprüche, wir beachteten weniger, daß die Zeit die Grenzen erlebte und die Widersprüche aus sich hervortrieb. Diese Seite kann ihr Recht nicht finden, und es kann zugleich die Zeit nicht als Ganzes gewürdigt werden, ohne daß in ihr ein großer Reichtum des Lebens ersichtlich wird, eine starke Bewegung der Geister, ein tiefes Verlangen, das Leben mehr auf eigne Entscheidung zu stellen und aus eigner Tat zu gestalten, ein eifriges Streben, von einem Hauptpunkte aus den ganzen Umkreis zu beherrschen. Die Zeit könnte nicht so aufgeregt sein wie sie ist, wenn sie nicht viel Gegenwirkung gegen ihre eignen Schranken enthielte; nur deshalb fühlen wir manches als Mangel, weil wir größere Ansprüche stellen, nach dem weltgeschichtlichen Stande des Lebens solche Ansprüche stellen müssen. Von hier aus angesehen erscheint es als ein Vorzug unserer Zeit, daß sie die Probleme in solchem Umfange ergriffen hat und sie mit solchem Eifer betreibt; augenscheinlich steckt in ihr weit mehr, als der erste Eindruck empfinden ließ, der mehr an den fertigen Ereignissen als an den treibenden Kräften hängt.

Aber auch eine solche Besinnung auf die größere Tiefe des in der Gegenwart waltenden Lebens führt bei unserem Problem nicht weit. Jene Tiefe hat die Verwicklung und Spaltung nicht verhindert, unter der wir heute leiden, und sie gewährt uns keine Mittel ihnen erfolgreich entgegenzuwirken. Eine solche Gegenwirkung wäre nur möglich, wenn das Leben unabhängig von aller Beziehung zu dieser besonderen Zeit eine Selbständigkeit gegenüber der menschlichen Lage gewänne, wenn es sich zu einem eignen Zusammenhang oder doch zu einer Gesamtbewegung verbände, wenn unter Umkehrung des nächsten Befundes es nicht ein bloßes Vorgehen an den einzelnen Punkten bliebe, sondern durch energische Selbstkonzentration solcher Zerstreuung gegenüber etwas Ganzes und in sich Festes würde. Erst ein solches Ganzes könnte einen eigentümlichen Gehalt entwickeln, ein eigentümliches Wirken üben, mit sicherer Überlegenheit das menschliche Handeln messen und lenken. Ohne irgendwelches Überlegenwerden und irgendwelche Befestigung des Lebens gegenüber dem menschlichen Tun und Treiben kommen wir nie zu sicheren Zielen, nie zu innerer Gemeinschaft, nie zur Selbständigkeit gegenüber der Zeit; jene überlegene Festigkeit kann uns Neueren aber nach den Erfahrungen der weltgeschichtlichen Arbeit nun und nimmer von außen kommen, da wir alles um uns durch unser eignes Leben und Denken sehen und im Sehen umgestalten; so ist sie nur erreichbar durch einen Zusammenschluß des Lebens selbst, nur durch Ermittlung eines festen Stammbesitzes, eines unangreifbaren Grundstocks; einen solchen aber kann nie ein besonderer Teil des Lebens, sondern kann nur das Ganze liefern. Gewährt also nicht der Zusammenschluß des Lebens bei sich selbst eine allen wechselnden Lagen, Meinungen, Stimmungen des Menschen überlegene Macht, gibt es keine Emanzipation des Lebens von menschlicher Zufälligkeit und Unsicherheit, so müßte unser Streben endgültig zusammenbrechen, unser ganzes Leben würde ein Chaos einander durchkreuzender und widerstreitender Bewegungen, und die Größe der Kraft, die jede einzelne von ihnen aufbieten könnte, würde auch über ihr Recht entscheiden, wenn nicht vielmehr die Frage des Rechts und der Wahrheit hier gänzlich auszuscheiden hätte, und wir jenem dunklen Getriebe uns gänzlich ergeben müßten. Eine solche geistige Selbstzerstörung können wir aber nicht hinnehmen ohne aufs sorgfältigste zu prüfen, ob nicht irgendwelche Möglichkeit einer Rettung verbleibt. Gewährt nun ein inneres Selbständigwerden des Lebens eine solche Möglichkeit, und gewährt sie allein diese Möglichkeit, so werden wir darauf vor allem unser Suchen zu richten haben, so wird zur Frage der Fragen, ob der Bereich des Menschen irgendwo ein solches Selbständigwerden zeigt. Es ist das aber eine Frage der Tatsächlichkeit, eine Antwort darauf kann kein scharfsinniges Räsonnement und keine kühne Spekulation, sondern es kann sie nur die Erfahrung erteilen, eine Erfahrung freilich, die nicht als einzelner Eindruck unmittelbar in die Augen springt, sondern die eine Zusammenfassung der Mannigfaltigkeit und eine Überwindung widerstreitender Eindrücke fordert. Sehen wir also, wie es damit steht.

b) Die Lösung.

Die Frage aber, zu der es uns in der dargelegten Weise zwingend trieb, bejahen wir zuversichtlich, in Wahrheit erscheint im Bereich des Menschen eine Lebenskonzentration, wie wir sie suchen, sie erscheint freilich nicht als ein fertiger Besitz, wohl aber als eine aller Willkür überlegene Bewegung, als ein in fortschreitender Bildung begriffener Vorgang. Denn dies eben finden wir in dem, was gegenüber dem natürlichen Dasein Geistesleben genannt wird, eine neue Stufe wird in diesem klar ersichtlich, sobald wir uns von seiner ersten Erscheinung im menschlichen Kreise zum Überblick dessen wenden, was es selbst an eigentümlichen Zügen enthält.

Geistesleben ist inneres Geschehen, aber nicht alles innere Geschehen ist Geistesleben. Unterhalb des Menschen nämlich und auch bis weit in seinen Bereich hinein erscheint ein Seelenleben, das bei aller Mannigfaltigkeit eine starre innere Begrenzung hat. Darin nämlich, daß es der natürlichen Selbsterhaltung des Einzelnen oder der Gattung dient, und daß es auch seiner näheren Gestaltung nach sich als ein Stück eines erweiterten Naturprozesses ausnimmt. Wie das Leben hier seine Anregung von außen empfängt und sein Wirken auf die Leistung nach außen geht, so entsprechen auch seine Formen dem Mechanismus der Außenwelt; was etwa bei ihm darüber hinaus an Neuem erscheint, das faßt sich nicht in ein Ganzes zusammen und bildet nicht ein eignes Reich. Daher ist ganz wohl zu begreifen, daß denjenigen Forschern, welche Natur und All schlechtweg zusammenfallen lassen, das Seelenleben ein bloßer Anhang der Natur bedeutet. Nun aber erfolgt innerhalb des Bereiches des Menschen — nicht über seine ganze Breite, aber doch in einer gewissen Richtung — ein Selbständigwerden der Innerlichkeit, sie zeigt dabei nicht nur eigentümliche Lebensformen, sondern sie erstrebt auch einen allumfassenden Zusammenhang, und sie findet ihre Aufgabe nicht in einer Leistung nach außen hin, sondern in der Vollendung ihrer selbst, in einer Herausbildung alles dessen, was an Möglichkeiten in ihr liegt. Wie diese Wendung unser Leben in Weiterbewegung und Umwandlung bringt, das sei wenigstens in einzelnen Zügen angedeutet.

Uns umgibt zunächst eine Welt von lauter einzelnen Elementen, von Elementen, die nur das Nebeneinander und das Nacheinander in Raum und Zeit zusammenhält. Soweit dagegen geistiges Leben aufkommt, entstehen Gesamtbewegungen und bilden sich innere Zusammenhänge, der Wert des Einzelnen bemißt sich hier nicht nach seiner unmittelbaren Wirkung, sondern vornehmlich nach seinem Wert für das Ganze, so die einzelne Erkenntnis nach ihrer Bedeutung für das Wahrheitsstreben, das einzelne Erlebnis nach seiner Bedeutung für das Glück. Das Ganze erscheint dem allgemeinen Umriß nach als von Anfang an wirksam und das Einzelne mit seinen Normen beherrschend, seiner näheren Durchbildung nach aber als das Ziel, dem alles Streben dient; in solchem Fortgang vom Umriß zur Durchbildung erscheint weit mehr eigne Bewegung der Seele, als da wo die einzelnen Vorgänge sich mechanisch zusammenfügen, das Leben wird in höherem Maße zur Tat.

Wie sich aber hier die Elemente nicht sowohl von außen her berühren als innerlich zusammengehören, so zeigt auch die Art der Arbeit eine innere Gemeinschaft: die Bestrebungen der Individuen laufen nicht teilnahmslos nebeneinander her, z. B. die Wissenschaft ist nicht ein bloßes Nebeneinander individueller Meinungen, sondern das Streben der einzelnen Stelle weiß sich von einem Streben des Ganzen umfangen und getragen, diesem liefert es seine Leistungen ab. Nur von da aus erklärt und rechtfertigt sich die Überzeugung, dieser

Hauptantrieb menschlichen Strebens, daß was die besondere Stelle an Wahrheit erringt, für alle gilt und alle bezwingt; ohne eine innere Einheit des Lebens gegenüber der Zersplitterung des menschlichen Kreises wäre das schlechterdings unverständlich; die Wahrheit könnte unmöglich für alle Menschen gelten, besäße sie nicht eine Überlegenheit gegen alle bloßmenschliche Art.

Es erhebt aber die geistige Bewegung wie über das Nebeneinander des Raumes, so auch über das Nacheinander der Zeit. Sie dient nicht der Besonderheit der Zeiten mit ihren wechselnden Lagen und Forderungen, sondern sie sucht im Befunde der Zeit Vergängliches und Unvergängliches zu scheiden, durch geistiges Schaffen über die bloße Zeit hinauszukommen und dem Wechsel und Wandel der menschlichen Lage einen bleibenden Bestand zu entringen. Nur so werden die verschiedenen Zeiten Mitarbeiter an einem gemeinsamen Werk, nur so kann, was der Augenblick schuf, alle Zeiten überdauern. Auch hier aber muß, was für alle Zeiten gelten soll, aller bloßen Zeit überlegen sein, auch hier gewahren wir ein beträchtliches Wachstum der Tätigkeit.

So steigen mit der Wendung zur Geistigkeit die Ideen eines inneren Zusammenhanges und einer Ewigkeit auf und werden zu Mächten über das Leben. Aber die Wandlung greift noch tiefer in das innere Gewebe des Lebens ein. Schon die Betrachtung der Neuzeit zeigte, wie das geistige Leben eine Scheidung und Wiederverbindung vollzieht, wie es Kraft und Gegenstand, Subjekt und Objekt zunächst auseinanderrückt und sie dann durch erhöhendes Schaffen wieder zusammenbringt. Hier erscheint zunächst die geistige Bewegung nicht als ein bloßes Hin- und Hergehen von einer Seite zur andern, sondern als eine Tätigkeit, die beide Seiten umfaßt, und die mit ihrer Versetzung des ganzen Lebensumfanges in Bewegung Volltätigkeit heißen mag; ferner aber erscheint hier das geistige Wirken nicht als ein bloßes Verwerten gegebener Elemente, sondern als ein Quell selbständigen Lebens, als eine Kraft der inneren Erhöhung. Hier befindet sich das Leben noch mitten im Fluß und stellt sich dabei als ein Vordringen und Aufklimmen dar, die von ihm vollzogene Verbindung ist keine bloße Zusammensetzung, sondern ein Eröffnen neuer Tiefen, ein Sichentzünden des Geistes im Zusammenstoß.

Wie sehr das die Lage verändert, dafür sei nur ein Beispiel angeführt. Wir wissen, wie die Kultur mit ihrem Fortschritt die anfängliche enge Verflechtung der Individuen zu einer Familien- oder Stammesgemeinschaft mehr und mehr lockert und die Individuen mit immer größerer Freiheit einander gegenüberstellt, wir wissen auch, daß am Ende dieser Bahn ein schrankenloser Egoismus liegt. Einen solchen erträgt aber die geistige Natur des Menschen nicht, sie nimmt einen Kampf dagegen auf, sie kann aber dabei nur soweit siegen, als es gelingt, in einem die einzelnen Elemente erhöhenden Wirken, durch das Wunder der Liebe, die Scheidewände aufzuheben und von innen heraus eine neue Gemeinschaft zu schaffen ohne die einzelnen Punkte zu vernichten. Ohne solche Weiterbildung, ohne solches Entstehen eines neuen Menschen, wäre alle Mühe verloren. Auch im Erkennen wäre Subjekt und Objekt nimmer zusammenzubringen ohne ein Erhöhen, das beide umfaßt, auch hier ist Geistesleben Fortschreiten, Aufklimmen, Weiterbilden, nicht bloßes Hinundhergehen im gegebenen Kreise.

Wie das Leben in all diesem Scheiden und Wiederzusammenbringen, diesem Überwinden des Gegensatzes eine größere Weite und mehr innere Bewegung gewinnt, so verlegt es sich auch mit der Volltätigkeit hinter das reflektierende Bewußtsein zurück; denn dieses steht unter dem Gegensatze.

Es kann aber das Leben nicht als Ganzes gegenüber den einzelnen Vorgängen und in Zusammenhaltung der verschiedenen Seiten wirken ohne eine Tiefe zu entwickeln, ohne sich selbst eine Tiefe zu geben. Dies aber läßt sich nicht anders verstehen, als daß es in sich selbst gegenüber den einzelnen Tätigkeiten einen Grundstock umfassender und beherrschender Tätigkeit bildet und von da aus die Mannigfaltigkeit erfaßt wie gestaltet. Das besagt eine wichtige Unterscheidung in dem weiteren Begriff der Tätigkeit. Es gibt Tätigkeiten, die an der Außenseite des Lebens liegen und bei denen einzelne Anregungen einzelne Kräfte bewegen ohne ein Inneres und Ganzes des Lebens wachzurufen, es gibt andere Tätigkeiten, die ein Ausdruck eines solchen Ganzen werden, Betätigungen, in denen dieses sich erlebt, sich in sie hineinlegt und in ihnen festhält; jene ist eine bloß anhangende, diese eine wesenhafte Tätigkeit. Die anhangende Tätigkeit nimmt im menschlichen Leben den weitaus größeren Raum ein; sie entwickelt mannigfachste Beziehungen nach außen hin und erweckt mannigfachste Kräfte der Seele. Aber bei allem solchen Wirken bleibt sie dem Menschen innerlich fremd, weil er kein Ganzes der Seele bei ihr einsetzt und daher nichts in ihr erlebt. Das ist es, was das gewöhnliche Tun und Treiben so unerquicklich und nichtig macht, daß es bei aller Erregung und Hast innerlich ganz und gar leer bleibt, daß die Mitwirkenden keine eigne Seele erweisen, und daß sie daher nicht eigentlich handelnde Wesen, sondern nur Marionetten des Schicksals sind. Über diese Stufe führt nun das Geistesleben mit der Bildung jener Tiefe sicher und weit hinaus. Denn damit gewinnt es bei sich selbst ein Wesen und eine innerliche Abstufung, nun kann ein Ganzes der Seele der einzelnen Tätigkeit zugegen sein, sich in ihr finden, zugleich aber sie erhöhen. Damit erst erklären sich Größen wie Persönlichkeit und geistiger — nicht bloß moralischer — Charakter, sie sind nicht bloße Titel, die wir einem im wesentlichen unveränderten Handeln nach Lust und Laune zuerkennen, sondern sie bringen eine neue Art des Lebens und Handelns, und von ihnen aus vollzieht sich eine Scheidung alles Wirkens in ein charakterhaftes und ein charakterloses. Nur jenes ist wahrhaftiges Leben, indem es ein Beisichselbstsein des Lebens enthält, dieses dagegen ein bloßes Haschen nach Leben, ein Schein des Lebens; nur jenes kann nach einem Sinn des Lebens fragen, während diesem solche Frage sinnlos ist.

Wie beide Arten ihrem Wesen nach grundverschieden sind, so ist es auch ihr Ergehen auf dem Boden der Geschichte. Die charakterlosen Betätigungen hängen an den Lagen der Zeit und müssen mit ihnen vergehen, das Charakterhafte dagegen kann als eine ursprüngliche Lebensquelle allem Wandel der Zeit widerstehen und mit stets sich erneuernder Kraft zu allen Zeiten wirken. Das ist es, was klassische Zeiten und klassische Persönlichkeiten von allem Übrigen abhebt. Der Geist eines Plato behält seinen Wert und sein Vermögen, auch wenn alle Lehren Platos uns fremd geworden sein sollten. Denn bei einer solchen schöpferischen Persönlichkeit ist alles besondere Wirken nur ein Ausdruck und ein Symbol, das Symbol mag vergänglich sein, aber von ihm gibt es eine Berufung an einen ewigen Wahrheitsgehalt des schaffenden Geisteslebens. So im besonderen auch bei den Großen der Religion.

So erscheint im Geistesleben eine Reihe von Überwindungen: eine Überwindung des bloßen Nebeneinander in Raum und Zeit, eine Überwindung des Gegensatzes von Subjekt und Objekt durch ein volltätiges Schaffen, eine Überwindung der Kluft zwischen Tätigkeit und Sein durch Bildung eines geistigen Selbst im Handeln und Entwicklung eines geistigen Charakters, der sein ganzes Gebiet beseelt. Diese Überwindungen erzeugte nicht eine bloße Betrachtung, sondern eine tatsächliche Entfaltung neuen Lebens, eine völlige Wandlung des Lebensstandes. Denn darüber kann kein Zweifel sein, daß jene Weiterbildungen nicht Verschiebungen innerhalb der gegebenen Welt bedeuten, sondern daß sie ihr eine neue Welt, eine Welt der Selbsttätigkeit, entgegenhalten. Hier verändern sich alle Größen und Güter, hier wird statt der bloßen Selbsterhaltung im natürlichen und sozialen Zusammensein die Belebung eines Ganzen der Innenwelt in unserem Bereich zum beherrschenden Ziel unseres Strebens. Erst indem das Leben damit eine Wendung zu sich selbst vollzieht und eine Tiefe herausarbeitet, kann es einen Inhalt gewinnen und auf sich selber stehen, hier erst erscheint eine in sich selbst gegründete Wirklichkeit. Daher erhalten wir in dem neuen Leben nicht ein besonderes Leben neben anderen Arten, sondern die Vollendung des Lebens überhaupt, nur dieses Leben, das aus dem Selbständigwerden der Innerlichkeit eine Seele empfängt, ist wahrhaftiges Leben. Daß dies Leben nicht bei vagem Umriß verbleibt, das zeigt es in seiner Entwicklung sowohl nach besonderen Richtungen wie im Guten, Wahren und Schönen als in der Bildung geschlossener Lebensgebiete, wie sie in Kunst und Wissenschaft, in Recht und Wirtschaft usw. vor uns liegen. Sie alle sind keineswegs bloße Anwendungen eines allgemeinen Gedankens, sondern eigentümliche Weiterbildungen selbständiger Innerlichkeit, mit ihrer Weiterführung jenes Gedankens sind sie charakteristische Erschließungen des Geisteslebens, Uroffenbarungen, große Erfahrungen der Menschheit, sie entspringen nicht sowohl aus dem bloßen Menschen als sie das Menschenwesen erhöhen, mehr in ihm entdecken lassen, es in neuen Zusammenhängen zeigen, ihm neue Bewegungen und Inhalte zu eigen machen. Erst mit solcher Wandlung gewinnt der Begriff der Kultur einen klaren Sinn und ein gutes Recht. Daß Kultur eine Versetzung des Lebens in Tätigkeit bedeutet gegenüber dem Gegebensein und Gebundensein der bloßen Natur, das besagt schon der Name (colere = Bebauen, Bestellen), und das entspricht der allgemeinen Überzeugung. Aber nun kommt die Frage, wie jene Tätigkeit zu verstehen sei. Ist sie ein bloßes Zurechtlegen und Verschieben innerhalb eines gegebenen Daseins, so kommt dabei nun und nimmer etwas wesentlich Neues heraus, so lohnt der Ertrag nicht die endlose Mühe, so endet das Ganze schließlich in eine völlige Leere. Nur wenn in der Kultur eine durchgreifende Umwälzung möglich ist, wenn die bloße Tätigkeit sich zur Selbsttätigkeit vertieft und diese sich stark genug zeigt, ein neues Leben, eine neue Welt, einen neuen Menschen hervorzubringen, nur dann hat die Kultur ein Recht auf die Arbeit und die Seele des Menschen, nur dann kann sie aller Aufschichtung und wachsenden Verwicklung der Zeiten gegenüber eine Jugendfrische und Schlichtheit bewahren, nur dann sich immer wieder erneuern, während sie sonst unvermeidlich im Lauf der Jahrtausende immer umständlicher und greisenhafter wird. — In dem allen erscheint eine überströmende Fülle des Lebens und die Forderung einer Umwandlung alles Befundes, aber zugleich faßt sich alle Mannigfaltigkeit in eine einzige Aufgabe zusammen, in die Wendung zu einem Beisichselbstsein des Lebens und einer Vergeistigung der Wirklichkeit.

So hat die Frage, von der wir begannen, eine bejahende Antwort gefunden, in der Tat erfolgt im Bereich des Menschen ein Selbständigwerden des Lebens, in ihm erscheint eine neue Welt, die zu seinem eignen Leben wird und ihm zugleich eine innere Festigkeit, eine Überlegenheit gegen alles Dunkel und alle Widerstände verleiht. Wie aber diese Lebensentwicklung den Menschen ganz und gar über die anfängliche Art hinaushebt, ja zu dieser in schroffen Widerspruch tritt, so kann sie nun und nimmer ein Erzeugnis des bloßen Menschen sein, wir haben darin vielmehr eine Bewegung des Alls zu sehen, das Aufsteigen einer neuen Lebensstufe, die im Menschen durchbricht und seine Mitwirkung fordert; „eine Bewegung zu einem Ganzen und einem Beisichselbstsein des Lebens könnte bei uns, diesen begrenzten und zerstreuten Einzelwesen, nicht entstehen, wenn nicht die Wirklichkeit ein Ganzes bildete und ein Leben aus dem Ganzen führte; es muß ein dem Menschen überlegenes Geistesleben bestehen, dies aber sich eröffnen, ja zu seinem eignen Wesen werden können" (Sinn und Wert des Lebens).

Diese Überzeugung läßt das Ganze der Welt und ihrer Bewegung in eigentümlichem Lichte erscheinen, zugleich aber auch das Leben und Werk des Menschen Die gegebene, überwiegend von der Natur aus bestimmte Welt erscheint nun nur als eine Stufe der Wirklichkeit, über welche die Bewegung hinaus sich zur Stufe des Geisteslebens erhebt und damit erst ein Beisichselbstsein gewinnt. Im Menschen aber treffen die beiden Stufen zusammen, zunächst der Natur angehörig kann er sich zur Geistigkeit erheben und mit der Erringung eines neuen Lebens und Wesens zugleich den Weltstand fördern.

Als Teilhaber an einem solchen Leben und aus solcher innerer Verbindung mit dem Ganzen und den Gründen des Alls kann er aber wie den Verwicklungen aller Zeit so auch denen der Gegenwart getrost ins Auge sehen. Daß Verwicklungen, Widerstände, Hemmungen entstehen, kann nicht im mindesten wundernehmen, da wir inmitten der Bewegung stehen und es eine ganze Stufe der Wirklichkeit gegen eine andere durchzusetzen gilt. Und auch das ist ganz wohl begreiflich, daß für die menschliche Lage Krisen entstehen, die ein Zurückgreifen auf die letzten Gründe und ein Neueinsetzen des Strebens fordern. Sind aber solche Gründe vorhanden und wirken sie auch zu uns, so haben wir darin einen festen Halt, sowie unversiegliche Quellen des Lebens, so können wir auch den Kampf gegen die Zersplitterung und Verwirrung der Gegenwart, gegen ihr Unsicherwerden und ihren Hang zur Verneinung in gutem Vertrauen führen. Ist doch dieser Kampf nicht bloß unsere Sache, und sind stärkere Kräfte in ihm wirksam als die des bloßen Menschen.

II. Die Wendung zur Religion.

a) Die universale Religion.

Freudig klang die bisherige Betrachtung aus, und wir hoffen die Freudigkeit uns auch schließlich bewahren zu können. Aber zunächst liegt die Sache nicht so einfach, sondern eben das, was uns zu befestigen und zu erhöhen versprach, ruft weitere Verwicklung hervor. Denn so gewiß ein selbständiges Geistesleben im Bereich des Menschen erscheint, es ist damit nicht schon ausgemacht, daß es ihm zur Hauptwelt wird, den Grund seiner Seele bewegt und von da aus sein Streben beherrscht. Ist es doch eine alte Klage, daß die neue Welt, die an den Menschen kommt, bei ihm nicht die nötige Kraft zur Aneignung finde, daß sie, statt zum Kern seines Lebens zu werden, nur an dessen Saum verbleibe. Findet sie aber nicht seine volle Hingebung, so muß auch ihr Inhalt verblassen und verschwimmen. Denn wenn schon bei äußeren Dingen es zu einem vollen und klaren Sehen gespannter Aufmerksamkeit bedarf, so muß noch mehr im Gebiet unsichtbarer Größen und Güter dunkel und ungewiß bleiben, was nicht die Hingebung der Seele gewinnt. Bei solcher Lage schwach an Kraft und arm an Gehalt erscheint leicht die Geistigkeit wie ein bloßer Schatten, der unser Leben nur nebenbei begleitet, es aber nicht bewegen kann, und es wird begreiflich, daß man das Ganze immer wieder für eine bloße Einbildung erklären konnte. Aber auch das zu Unrecht. So schwach das geistige Leben in unserem Kreise sein mag: daß es keine bloße Einbildung ist, das zeigt zur Genüge die Eigentümlichkeit seines Inhalts, auf die von der bloßen Natur aus auch die kühnste Phantasie nun und nimmer geraten könnte. Mag daher der Mensch sich in weitem Abstand von jenem Leben befinden, dieser Abstand läßt dessen Wirklichkeit unangetastet; wenn sich ein Gestirn unserem Anblick verhüllt, so ist es darum noch nicht untergegangen.

Aber den Menschen bringt allerdings diese Lage in einen harten und für die Dauer unerträglichen Widerspruch. Daß das neue Leben zu ihm gehört, daß es ihn erst über die anderen Wesen erhebt und seinem Leben erst einen Inhalt gibt, das kann er nicht wohl bestreiten. Findet er aber zugleich nicht die Kraft, die Höhe zu erklimmen, auf der jenes Leben sich ihm erschließt, so fallen ihm Inhalt und Kraft des Lebens auseinander; eben das, was er unmöglich entbehren kann, das bleibt ihm fern und fremd, eine starre Scheidewand scheint bei ihm das Wollen und Wirken des Alltags und ein tieferes, freilich mehr geahntes als geschautes Wesen zu trennen. Auch als Schatten ist das Neue stark genug, um uns durch seine Maße das gewöhnliche Leben zu verleiden, aber es gibt uns damit kein neues, wir hören einen Lebensstrom rauschen, aber wir finden nicht einen Zugang zu ihm. So ist jenes neue Leben unser Leben und ist es auch nicht, es bleibt uns fremd und läßt sich doch nicht entfernen.

Dieser Zwiespalt in innerster Seele, dies Auseinanderfallen von Inhalt und Kraft verschuldet vor allem die Mattheit und Unwahrheit, zugleich auch die Unbefriedigung, die durch das gewöhnliche Kulturleben geht und auch in die Seele des Einzelnen reicht; denn auch was ihr eine Größe gab, die Entwicklung einer Persönlichkeit und die Ausbildung einer geistigen Individualität, das wird nun leicht ein matter und schwacher Anhang eines andersartigen Lebens. Ein gewisses Wollen ist da, aber zum Vollbringen reicht es nicht aus.

Je höher von der Eigentümlichkeit und der Größe des Geistes gedacht wird, desto weiter muß solcher Abstand des Menschen von sich selbst, desto stärker die Verwicklung erscheinen. So muß sie besonders da ihre volle Stärke zu empfinden geben, wo die Überzeugung waltet, daß echtgeistiges Leben nur in Ausbildung eines Selbst in der Tätigkeit entstehen kann, wo die Tätigkeit Selbstbetätigung werden muß, um aus bloßer Bewegung der Kräfte Gewinn eines Inhalts zu werden. Das aber scheint jener Zwiespalt im eignen Wesen unmöglich zu machen, und es scheint damit alle Aussicht auf wahrhaftiges Leben zu verschwinden, aller Antrieb dahin zusammenzubrechen.

In Wahrheit ist er nicht zusammengebrochen, und es hat sich geistiges Leben, echtes geistiges Leben, nicht bloß ein Schatten und Schein, auch im Bereich des Menschen erhalten. Es ist trotz aller Widerstände echte

Kultur entstanden und hat sich durch die Zeiten behauptet, es haben sich Kunst und Wissenschaft, Recht und Moral entwickelt und sich eigne Reiche gebildet, auch die Seele des Einzelnen nimmt an solcher Bewegung teil, indem sich in ihr Höheres von Niederem scheidet, sich bei sich selbst befestigt und den Kampf gegen das andere aufnimmt. Wie haben wir dies alles zu verstehen?

Die Kluft ist viel zu tief und der Gegensatz viel zu schroff, als daß ein allmähliches Anschwellen menschlicher Kraft jenes hätte hervorbringen können; so ist die Sache nur so zu verstehen, daß aus dem Ganzen des Geisteslebens selbst die Geistigkeit im Menschen belebt und zur Selbständigkeit gehoben wird. Das Allleben selbst muß unmittelbar in uns durchbrechen und durch seine Gegenwart uns über die Schwäche unseres Vermögens und die Kleinheit unserer Motive erheben; jenes muß uns mitten in den Lebensstrom versetzen, den wir sonst nur von der Ferne vernehmen, es muß die Scheidewand zerbrechen, die uns von der Tiefe unseres eignen Wesens schied. So nur kann das Geistesleben uns zur eignen Sache werden und mit ursprünglicher Kraft bei uns aufquellen, so nur werden wir selbständige Lebenspunkte, geistige Energien, Mitarbeiter an der Weltbewegung. Nun ist uns das Geistige nicht etwas Halbfremdes, etwas Auferlegtes, das vornehmlich gebietet und fordert, sondern nun wird es unser eigenes Wesen, und wir fühlen uns zu ihm im Verhältnis der Freiheit. So kann nun auch das Wirken dafür zu vollem Selbstzweck werden und uns unmittelbar, ohne Zurückbiegung auf unsere besonderen Interessen, mit reiner Freude erfüllen. Alles das aber nicht aus natürlicher Evolution heraus, sondern durch ein Gehobenwerden des Menschen aus der Kraft des Ganzen und daher in einer Wendung zur Religion. Das eben ist die Voraussetzung der Religion, daß im Menschen etwas Höheres erscheint, jedoch für die erste Lage gehemmt und gebunden bleibt. Die Religion aber ist Überwindung solcher Hemmung und Bindung.

Jene ganze Bewegung ist nicht eine Entfaltung des menschlichen Durchschnitts, sondern sie erfolgt in entschiedenster Abhebung von diesem Durchschnitt, sie enthält ein Abbrechen, eine Diskontinuität des Lebens. Dieser Kontrast gehört zum Wesen der Religion, sie kann nicht sein ohne einen Gegensatz zur ersten Lage, ohne ein Neueinsetzen des Lebens; insofern enthält sie eine Offenbarung und ein Wunder, sie ist ohne solche undenkbar. Die heute herrschende Verworrenheit der Begriffe von diesen Dingen gibt dem Begriff einer „immanenten" Religion für viele eine Anziehungs-, ja eine Zauberkraft, sie meinen so zugleich das Wertvolle der Religion behalten und ihren Verwicklungen entgehen zu können, und sehen nicht, daß eine solche Wendung eben das zerstört, was an der Religion wesentlich und wertvoll ist: die Befreiung von der Verwicklung der gegebenen Lage, die Erhebung der sonst an das Kleinmenschliche gebundenen und dadurch niedergedrückten Geistigkeit. Solchen täuschenden Surrogaten, wie dem einer immanenten Religion, verschafft ein gewisses Ansehen eine unzutreffende Vorstellung von dem Wirken der Religion, wie sie bei den ihr Fernstehenden üblich ist. Sie meinen, daß jene Bedingtheit durch göttliche Macht den Menschen zur Kleinheit verdamme und ihm alle Freiheit raube. In Wahrheit gilt das gerade Gegenteil: es gibt keine Größe und es gibt keine Freiheit ohne diese Wendung. Denn bei der sonst waltenden Gebundenheit des Geisteslebens an das trübe Gemenge des menschlichen Durchschnitts kann sich keine Größe entfalten, keine Größe innerer Art; ein Losreißen von jenem Stande und ein Leben und Wirken aus der Kraft eines überlegenen Ganzen ist dafür unentbehrlich. Denn so allein schöpft der Mensch aus der Fülle unendlichen Lebens, so allein wurzelt er fest in sich selbst und kann er in Zusammenfassung der einzelnen Züge einen geistigen Charakter entwickeln, der den ganzen Umkreis des Wirkens durchdringt. Was aber die Freiheit betrifft, so ist eben die Einsetzung in Freiheit und Selbständigkeit, die Berufung des Menschen zur selbsttätigen Mitarbeit am großen Werke des Geistes, der Kern der gesamten Religion. In der Sprache der Religion zu reden: die Freiheit ist die höchste Erweisung der Gnade. Sicherlich liegt darin ein Geheimnis, daß schöpferisches Leben mitgeteilt wird, aber dies unerklärliche Geheimnis ist zugleich eine Tatsache offenkundiger Art, in ihm wurzelt aller Mut und alle Kraft der Lebensarbeit, von ihm aus wird unser Leben erst wahrhaft eignes Leben, gewinnt es die sichere Hoffnung eines frischen Neubeginnens und einer unverwelklichen Jugend, wird es auch die Welt mit anderen Augen betrachten und ein Verständnis für das Wort Meister Eckharts gewinnen, daß wir Gott nicht „im Abendschauen, sondern im Morgenlicht" suchen sollen. So ist es nicht ein ängstlicher und ein gedrückter Geist, der aus der Religion zu uns spricht, sondern vielmehr ein fester und freudiger, ein Geist, der die Unzulänglichkeit des Weltstandes klar durchschaut, aber dadurch erst recht das Bewußtsein seiner Überlegenheit gewinnt. Eine solche Festigkeit und Freudigkeit wird aufs engste mit Ehrfurcht und Dankbarkeit verbunden sein, und wenn hier der Mensch das Bewußtsein der Größe hat, so ist das nicht eine Größe, die seine Eitelkeit ihm als eigen darstellt, sondern es gilt davon das Wort: „Was haben wir, das wir nicht empfangen haben?"

Von hier aus betrachtet trägt alle echte Geisteskultur in sich Religion, das Bewußtsein eines Getragen- und Getriebenwerdens, eines Gelenkt- und Geleitetwerdens von übermenschlicher Macht; so ist sie mit allen einzelnen Gebieten, in welche sie sich verzweigt, ein Zeugnis für die Religion. Am stärksten empfunden wurde solches Getragen- und Gelenktwerden durch übermenschliche Macht auf der Höhe des geistigen Schaffens, weil hier der Abstand zwischen menschlichem Vermögen und geistiger Leistung der größte war. So fühlten sich die schöpferischen Geister aller Gebiete, auch bei schroffem Gegensatz gegen die überkommene Religion, von einer unsichtbaren Macht geführt und behütet, ihr Schaffen trug in sich eine innere Notwendigkeit; indem diese alles Grübeln und Zweifeln siegreich überwand, gab sie ihnen zugleich das sichere Bewußtsein einer Überlegenheit gegen alle Weltumgebung.

Dies Bewußtsein, welches Abhängigkeit und Selbständigkeit einander untrennbar verbindet, gestaltet sich aber verschieden nach der Art der verschiedenen Lebensgebiete; es wird dem großen Künstler sich anders darstellen als dem großen Denker, jener wird noch unmittelbarer das Schaffen als etwas Empfangenes und ihn über sich selbst Erhebendes empfinden, aber bedurften nicht auch die großen Denker, um die ihnen innewohnende Notwendigkeit aller Umgebung und aller Überlieferung freudig und siegesgewiß entgegensetzen zu können, dafür der Überzeugung, daß diese Notwendigkeit tiefer wurzle als in der Zufälligkeit ihrer besonderen Art, und sollte es ohne Grund sein, daß es kaum einen großen, einen das Ganze der Wirklichkeit umspannenden Denker gab, der im Atheismus sein Genüge gefunden hätte? Wo das Wirken mehr nach außen ging, wie bei den Staatsmännern und den Kriegshelden, da nahm die überlegene Macht, von der man sich abhängig fühlte, mehr den Charakter eines Schicksals an, das den Menschen schützt und hebt, solange es ihn gebrauchen kann, das ihn fallen läßt, sobald er sein Werk getan hat, aber auch hier waltet die Überzeugung, daß beim Menschen Handeln und Gelingen nicht bloß auf ihm selber steht; je mehr aber das Leben sich ins Innere wendet und in seiner Bewegung eine innere Förderung sucht, desto mehr wird sich auch die Religion ins Geistige und Ethische wenden.

Aber das Wirken der überlegenen Macht beschränkt sich nicht auf die Spitzen der Menschheit, es durchdringt vielmehr den ganzen Umkreis des Lebens und ist mächtig sowohl in den Individuen als beim Aufbau des Ganzen der Kultur. Es erscheint aber in einem Emporziehen und Umbilden des Lebens, in einer Umwandlung dessen, was zunächst bloß äußerlich war, zu einer innern Kraft, in einer Erhebung des Menschen über seine eignen

Motive, in einer Hervorbringung neuer Zusammenhänge und einer Befreiung vom kleinen Ich. Die kopernikanische Umkehrung, welche Kant mit genialer Kraft für das Erkennen vollzog, geht in Wahrheit durch alle Arbeit der Weltgeschichte: war das Leben zuerst ganz nach außen gerichtet, und erschöpfte es sich in die Leistung dahin, so arbeitet es allmählich immer mehr Innerlichkeit heraus und verlegt dahin seinen Schwerpunkt; statt das Innere vom Äußeren sieht und behandelt es immer mehr das Äußere von einem Inneren her; daß das nicht eine bloße Verschiebung, sondern eine eingreifende Umwandlung besagt, das zeigt die Erfahrung der Geschichte mit voller Anschaulichkeit.

Sie zeigt es sowohl im Verhältnis des Menschen zu den Dingen als in dem zu seinen Genossen; Sachen wie Personen läßt der Verlauf des Lebens für uns eine neue Bedeutung gewinnen. Wir beschäftigen uns mit den Gegenständen und entwickeln an ihnen unsere Arbeit zunächst nur unseres eignen Vorteils halber, wir können auch gar nicht anders, da die fortwährende Notwendigkeit der physischen Lebenserhaltung uns ein solches Verwerten der Dinge in zwingender Weise auferlegt. Aber die Arbeit, die zunächst bloßes Mittel war, wird uns im Verlaufe des Lebens zum Selbstzweck, wir wünschen und wollen das Gelingen der Sache, wir sind imstande, unser eignes Behagen ihren Forderungen willig unterzuordnen. Das um so mehr, je mehr die Arbeit sich über einzelne Leistungen hinaus zu einem Ganzen zusammenfaßt, je mehr sie dem Menschen zu einem Lebensberufe wird und als solche einen beharrenden Charakter annimmt; dann wird sie dem Menschen ein innerer Halt und ein Schutz gegen sonstige Kleinheit. So rankt das Leben sich an der Arbeit in die Höhe.

Was für das Individuum, das gilt auch für das Ganze der Menschheit. Hier kommt in Frage der Aufbau der Kultur. Dabei handelt der Mensch zunächst nur seines Nutzens und Genusses wegen, er beobachtet die Erscheinungen und sucht Regeln für ihren Verlauf, um den feindlichen Gewalten im Kampf ums Dasein trotzen zu können und seinen Weg durch die dunkle Welt zu finden. Aber mehr und mehr zieht ihn das Wissen und Forschen selber an, es entwindet sich dem bloßen Nutzen und löst sich schließlich ganz von ihm ab, durch solche Ablösung, und nur durch sie, wird Wissenschaft möglich, und diese entwickelt nicht nur eigne Notwendigkeiten, sondern sie gewinnt auch die Kräfte des Menschen dafür, sie wird eine Macht, die ihn erhebt und über dem Suchen nach Wahrheit kleinliche Selbstsucht vergessen läßt. Ähnliches gilt von der Kunst und den anderen Lebensgebieten. In allem miteinander vollzieht sich die Ablösung einer echten Geisteskultur von einer bloßen Menschenkultur, d. h. einer Gestaltung der Kulturarbeit für die Zwecke und Interessen des bloßen Menschen. Diese letztere verschwindet mit dem Erscheinen jener keineswegs, und der Anblick von außen her läßt beides oft miteinander zusammenrinnen, in Wahrheit besteht ein weiter Abstand, ja ein völliger Gegensatz, die Menschenkultur schöpft und zehrt immerfort von der Geisteskultur, ohne diese könnte sie gar nicht bestehen, würde sich das Durcheinander individueller Bestrebungen nicht einmal zum Schein einer Kultur zusammenfinden.

Noch deutlicher ist die innere Erhöhung des Lebens im Verhältnis von Mensch zu Mensch. Was die Menschen in Liebe und Freundschaft zusammenbringt, ist zunächst ziemlich äußerlicher und auch flüchtiger Art. Aber je mehr jene Verhältnisse sich befestigen und eine Gemeinschaft des Lebens entwickeln, desto mehr wird der eine Mensch dem anderen lieb und wert seiner selber wegen, desto mehr wird das Zusammensein ein hohes Gut an sich selbst, desto mehr gewinnt es einen geistigen Gehalt und wirkt selbstischer Enge entgegen. Solche erziehende und veredlende Macht des Lebens erstreckt sich auch auf die weiteren Kreise des Zusammenseins. Was die Menschen zu größeren Gemeinschaften zusammentreibt, ist zunächst nicht viel mehr als die Not und der Eigennutz, aber wie weit führt die Entwicklung der Völker und Staaten über solche Begrenzung hinaus! Gemeinsames Wirken, gemeinsames Erfahren, gemeinsame Erfolge, gemeinsame Nöte schmieden auch die Seelen zusammen und erzeugen eine innere Gemeinschaft, die der ausschließlichen Verfolgung eigner Interessen kräftig entgegenwirkt und den Menschen zu selbstloser Arbeit, ja zu freudiger Aufopferung treibt. Der Gemeinsinn, der hier entsteht, die Flamme echter Vaterlandsliebe, überschreitet weit alle Summierung bloß-individueller Interessen. Endlich erstreckt sich solcher Zug zur Verinnerlichung und Erhöhung auch auf das Ganze der Menschheit. Daß wir denselben Planeten bewohnen und durch die Arbeitsteilung aufeinander angewiesen sind, das langt bei weitem nicht aus, um uns innerlich zusammenzubringen und uns echte Teilnahme und Liebe füreinander einzuflößen. Dazu bedarf es wiederum eines Gehobenwerdens des Menschen und eines Eintretens neuer Kraft. Nur ein Leben, das uns alle von Grund aus umfaßt und alle Starrheit zum Schmelzen bringt, kann echte Humanität, Güte, Mitleid und Liebe erzeugen, nicht als vergängliche Regungen bloßsubjektiver Stimmung, die für das große Ziel recht wenig bedeuten, sondern als mächtige Strömungen von innen heraus, die den einen Menschen mit dem anderen fühlen, leiden, sich freuen lassen, die das Leben des einen dem anderen unmittelbar zu eigen machen. Hier wird alles Geschick des individuellen Lebens von einem Geschick des Ganzen aus erlebt, dadurch geklärt und veredelt. Daß daraus große weltgeschichtliche Wogen entstehen, das zeigen die Weltreligionen, mögen sie wie der Buddhismus das Mitleid, oder wie das Christentum die Liebe zur Hauptsache machen.

Das alles enthält eine Überwindung und Umkehrung der ersten Lage. Daß es ihr gegenüber etwas wesentlich Neues bringt, das bekundet auch die Tatsache, daß auch nach jener Erhöhung das Niedere fortbesteht, die Breite des Lebens einnimmt, mit seiner Kleinheit und Mattheit dem Aufstieg entgegenwirkt. So hat das Höhere immerfort einen harten Kampf zu führen. Aber eben darin erweist es seine Selbständigkeit und seine Ursprünglichkeit, sein Hervorgehen aus tieferen Quellen.

In anderer Richtung erweist sich das Wirken eines übermenschlichen Lebens zugleich in dem Menschen und gegenüber dem Menschen in einer Bewegung zur Geistigkeit, welche durch die Geschichte geht, nicht im Erfüllen ihrer Breite, aber im Bilden einer Höhe, die sich gegen den Durchschnitt hält und ihm entgegenwirkt. Die Geschichte ist kein bloßes Verschieben und Zusammensetzen gegebener Elemente, sondern sie vollzieht eine innere Wandlung des Lebens, sie läßt neue Tiefen hervorbrechen und die Innerlichkeit und Selbständigkeit des Lebens erheblich wachsen, sie ist als Ganzes die Herausarbeitung eines Reiches der Innerlichkeit. Woher kam es denn, daß die Menschen nicht einfach bei dem verblieben, was sie besaßen, daß es sie zwingend dazu trieb, neues zu suchen und dieses, oft unter härtesten Mühen und Kämpfen, gegen starke Widerstände durchzusetzen? Doch wohl aus einem inneren Auftrieb des Lebens, einem übermächtigen Verlangen nach mehr Gehalt und mehr Beisichselbstsein des Lebens; ein solcher Antrieb aber konnte nicht vom bloßen Menschen, sondern nur von einem in ihm wirksamen Leben kommen, das seine eigne Tiefe sucht und damit sich selbst vollendet. Durch alle Gebiete läßt sich verfolgen, wie das Geistesleben immer selbständiger wird, immer mehr die Bindung nach außen ablehnt, immer mehr sich selbst seinen Inhalt gibt. Die Moral z. B., bei der die Höhe des Altertums ihre Befriedigung fand, genügt nicht mehr seinem Schluß, und namentlich nicht dem neu aufsteigenden Christentum. So konnte ein Augustinus mit hartem Wort die Tugenden des Altertums als glänzende Laster bezeichnen (virtutes veterum splendida vitia); das war in dieser schroffen Fassung sicherlich ungerecht, aber insofern hatte es einen Grund, als die antike Ethik mehr eine Entfaltung und Veredlung einer vorhandenen Natur als die Setzung eines neuen Lebens gegenüber der Natur verlangte. Nicht anders ging es dem Erkenntnisstreben. Im Altertum stehen Gedankenarbeit und sinnliche Anschauung einander noch näher, und auch die geistigen Größen scheiden nicht alles Sinnliche aus, ihm folgt darin das Mittelalter; erst die Neuzeit trennt beides schärfer und gibt dem Geistigen eine volle Selbständigkeit, von der aus es auch auf das Sinnliche umwandelnd wirkt; hier wie beim Handeln hebt das Selbständigwerden der Geistigkeit das andere keineswegs auf, aber es verändert seine Stellung und seinen Wert, und es bringt in das Ganze des Lebens mehr Bewegung und eigne Tätigkeit. Überall stellt der Verlauf der Bewegung als unzulänglich heraus, was früher vollauf genügte, erscheint ein Forttrieb des Geisteslebens über das, was zuerst sein ganzes Wesen schien.

Jener Aufstieg beschränkt sich aber nicht auf einzelne Zweige, er erstreckt sich auch auf das Ganze des Lebens. Denn auch um dieses Ganze wird gekämpft, und auch bei ihm drängt es, keine Ruhe duldend, weit über das Meinen und Wollen der einzelnen Menschen hinaus von Stufe zu Stufe weiter. Aus der Zerstreuung, mit der die geistige Bewegung beginnt, strebt sie zu einem festen Zusammenschluß und zugleich zu einem ausgeprägten, alles Einzelne eigentümlich gestaltenden Charakter. Einen solchen Zusammenschluß vollzieht in unserem Kulturkreise zuerst die Höhe des klassischen Altertums. Aber ihre künstlerische Gestaltung der Wirklichkeit genügt dem Geistesleben keineswegs auf die Dauer, da es immer weiteres bringt, weiteres fragt, weiteres fordert; von diesem Neuen aus lockert sich der Zusammenhang und die Elemente drohen auseinanderzufallen, bis dann wieder in der religiösen Welt des Christentums ein neuer Zusammenschluß erfolgt. Aber wir sahen auch diesen auf harten Widerstand stoßen und sich ihm durch viel Erschütterung und Zweifel hindurch das auf die Wissenschaft gegründete moderne Lebenssystem entgegenstellen. Aber auch dieses wird bei aller äußeren Ausdehnung der Erfahrung der Menschheit innerlich zu eng und klein, so befinden wir uns heute wieder in der Auflösung, zugleich aber im Suchen eines neuen Zusammenhanges. Demnach folgen einander schaffende und kritische, zusammenfassende und zerlegende Zeiten, aber sie alle sind schließlich Stücke einer einzigen durchgehenden Bewegung; auch was zuerst eine bloße Verneinung dünkt und auch als eine solche auftritt, das mündet schließlich in die Bejahung ein, indem es das Ganze weitertreibt und neue Synthesen vorbereitet. Weiter zeigen auch die schaffenden Zeiten einen gewissen Rhythmus: einmal geht die Bewegung des Geisteslebens mehr in die Welt hinein, dann kehrt sie davon zu sich selbst zurück; so umspannte und gestaltete das altgriechische Schaffen die ganze Weite des Kosmos, während die altchristliche Art das Geistesleben bei sich selbst befestigte und in sich vertiefte; so drängte es die Neuzeit mit erneuerter und verstärkter Macht zu rastloser Arbeit an der Welt, während wir jetzt wieder ein starkes Verlangen nach mehr Selbstkonzentration des Geisteslebens empfinden. Vom Menschen aus angesehen mag das den Eindruck starker Unsicherheit erzeugen, in Wahrheit geht wie durch Ja und Nein, so durch Expansion und Konzentration hindurch eine einzige große Bewegung, ein Sichselbersuchen und Herausarbeiten des Geisteslebens im Bereich des Menschen. Woher sollte aber wohl der Trieb und die Kraft dazu kommen als aus dem Geistesleben selbst? Die Erschütterungen und Umwandlungen, welche jene Bewegung mit sich bringt, sind für den Menschen alles eher als bequem und angenehm, sie schreiten oft rücksichtslos über sein Wohl hinweg, sie stürzen ihn in unsäglich viel Zweifel, Sorge und Not, sie erregen Zwiespalt, Haß und Streit, sie lassen sein Leben nie zur Ruhe kommen. Aber zugleich sind sie es, die dem Menschen eine Größe und seinem Leben einen Inhalt geben; man streiche jenes alles, wie armselig, wie sinnlos wird dann sein Leben! Was treibt ihn nun wohl so in den Kampf und zwingt ihn seine Größe in direktem Gegensatz zu seinem Behagen zu suchen? Nichts anderes als die Belebung selbständiger Geistigkeit auch innerhalb seines Bereiches, eine höhere Macht, die zugleich den Kern seines eignen Wesens bildet. Auch hier erfolgt der Aufstieg in augenscheinlichem Gegensatz zum Durchschnittsleben, schon deshalb weil jener eine Bewegung von Ganzem zu Ganzem fordert, während dieses zwischen einzelnen Elementen verläuft, auch weil er ganz andere Größen und Güter entwickelt, als dieses aufbringen kann. So verbleibt neben jener die Weltgeschichte umfassenden und zusammenhaltenden Bewegung ein unstetes Auf- und Abwogen von Augenblick zu Augenblick, von Menschenalter zu Menschenalter, und von hier aus nimmt sich das Ganze wie ein wirres und wüstes Chaos aus.

So bleibt es dabei, daß durch das Ganze des menschlichen Lebens hindurch eine Entfaltung selbständiger und echter Geistigkeit erfolgt, nicht aus dem Vermögen des bloßen Menschen, sondern unter Steigerung dieses Vermögens aus der Gegenwart göttlicher Kraft, auch nicht durch die ganze Breite der Dinge hindurch, sondern im Gegensatz und in Gegenwirkung gegen sie. Demnach ist zu behaupten, daß es nirgends im Bereich des Menschen ein echtes Geistesleben gibt ohne ein Element der Religion, freilich einer für das Bewußtsein der Menschen oft verborgenen Religion. Diese Art der Religion mag daher eine universale heißen.

b) Die charakteristische Religion.

Aber diese universale Religion mit ihrer Verkündigung der Erhebung der Menschen zu selbsttätigen Trägern des Geisteslebens bringt keineswegs schon einen Abschluß, sie führt nicht zu dem, was den geschichtlichen Religionen die Hauptsache war, ja sie läßt nicht einmal verstehen, warum überhaupt die Religion sich dem übrigen Leben gegenüber zu einem besonderen Gebiet zusammenschließen und zu einer geschichtlichen Bildung verkörpern konnte. Die Hauptsorge jener Religionen war nämlich nicht die Belebung der Geistigkeit, sondern die Rettung der menschlichen Seele und des gesamten Menschenlebens aus unerträglichem Widerspruch, die Befreiung von Schuld und Leid, die Aufrechterhaltung des Geisteswesens gegen die ihm von allen Seiten drohende Vernichtung; in Verfolgung dieses Zieles mußten sie sich vom übrigen Leben trennen und eine neue Art der Gemeinschaft stiften. Gewährt nun wohl der bisherige Verlauf der Betrachtung die Möglichkeit eine derartige Wendung zu verstehen? Zu verstehen sowohl das Aufsteigen eines Verlangens nach Hilfe und Rettung als die Eröffnung einer Befriedigung dieses Verlangens? Wir glauben beide Fragen zuversichtlich bejahen zu dürfen.

Einleuchtend ist zunächst, daß das Aufdecken eines selbständigen Geisteslebens im Bereich des Menschen den Anblick der Welt und die Lebenslage des Menschen nicht einfacher, sondern verwickelter macht. Denn jene Wendung enthält Ansprüche an die Wirklichkeit, denen die Erfahrung nicht entspricht, ja denen sie direkt widerspricht. Ist das Geistesleben Kern und Kraft aller Wirklichkeit und wird es dem Menschen zu einer ursprünglichen Lebensquelle, so wäre zu erwarten, daß es, wenn auch von niederem Gestrüpp umringt, seine Höhe sicher wahrte, und daß es, von allem Fremden unbeirrt, nur seinen eignen Weg verfolgte, auch daß der Mensch kraft solcher Erhöhung allem Untergeistigen gegenüber eine unangreifbare Stellung besäße; was sich an Gegensätzlichem findet, das dürfte nicht mehr als ein weites Zurückbleiben des Durchschnittsstandes, ein Versagen gegenüber den Forderungen des Geisteslebens sein, nicht aber dürfte es dieses in seinem eignen Schaffen hemmen, seinen Zielen entfremden, es bei sich selber spalten.

Nun aber zeigt jede unbefangene Betrachtung der Erfahrung, daß die Hemmung in Wahrheit soweit reicht, daß sie dem Geistesleben nicht nur nach außen Grenzen setzt, sondern auch in sein Inneres eindringt und es zu zerrütten droht. Das Geistesleben scheint seine Selbständigkeit nicht behaupten zu können, sondern fremden Gewalten zu unterliegen. — Wir finden zunächst die Natur um uns nicht bloß gleichgültig gegen die Zwecke des Geisteslebens, in ihrem Bauen und Zerstören scheinbar ganz unbekümmert um das, was für jenes herauskommt, sondern sie scheint es ihrerseits vollständig zu beherrschen und von sich aus zu bemessen, die körperliche Ausstattung bestimmt, so zeigt es der Augenschein, die Höhe des Geisteslebens, und die Tatsache der Vererbung fügt den Menschen einer dunklen Naturverkettung ein. Auch in seinem Streben und Handeln erscheint er als ein Sklave der Natur, über die er sich so stolz hinaushob: die Sinnlichkeit wird durch die Kultur über den naiven Stand der Natur zu lüsterner Raffiniertheit geführt und zieht bei solcher Verkehrung das geistige Streben zu sich herab; das menschliche Zusammensein ist nicht bloß stumpf und gleichgültig gegen die Ziele des Geisteslebens, sondern es bemächtigt sich der geistigen Kräfte und zwingt sie seinen Interessen zu dienen; beim Individuum aber steigert eben das Wachstum der Geistigkeit die natürliche Selbsterhaltung zu einem schrankenlosen Egoismus, der die ganze weite und reiche Welt als ein bloßes Mittel und Werkzeug für das eigne Wohl behandelt. Alle diese Schädigung verrät aber schließlich eine innere Schwäche des Geisteslebens im menschlichen Bereich, die Lebenseinheit zeigt sich hier nicht stark genug, um die einzelnen Kräfte festzuhalten und sie untereinander auszugleichen, so reißen sie sich von ihrem Grunde los, schlagen eigne Wege ein und geraten dabei unvermeidlich in schroffen Widerspruch miteinander, in Widerspruch auch mit den Zielen des Ganzen, so daß schließlich eine völlige Auflösung droht. Teilkulturen stellen sich gegeneinander, ziehen den ganzen Menschen nach einer besonderen Richtung, bilden gewisse Kräfte aus, lassen andere dafür verkümmern und werden leicht zu einer Gefahr für das Ganze und Innere der Seele. So kann die Wissenschaft eine verstandesmäßige Kühle, einen intellektuellen Hochmut, eine

Enge des Herzens erzeugen, so die Kunst eine Quelle von Eitelkeit und Verweichlichung werden. Indem sich so bei uns die eignen Bewegungen des Geistes gegen ihn kehren, scheint er sich selbst zu widersprechen, sich selbst entgegenzuwirken, eine Tatsache, die des merkwürdigen mittelalterlichen Wortes gedenken läßt „Niemand ist gegen Gott als Gott selbst“ (nemo contra deum nisi deus ipse). Ja es steigert sich die Verkehrung wohl gar zu einer Lust an der Verneinung, Verfeindung, Zerstörung des Guten, zu einer teuflischen Schadenfreude. So rätselhaft solche Abgründe der menschlichen Natur sein mögen, nur eine flache Aufklärung vermag sie zu übersehen. Aber wir werden das Dunkel nicht dadurch los, daß wir die Augen vor ihm verschließen.

Erklären aber können wir jenen Zwiespalt, im besonderen die Tatsache des Bösen, nicht, alles Mühen der Theologen und Philosophen darum ist kläglich gescheitert. Und noch weniger können wir ihn mit dem Optimismus wegerklären; es kann das diesem nur deshalb zu gelingen scheinen, weil er unser Verhältnis zur Welt lediglich als das eines Anschauens faßt; denn für die bloße Betrachtung lassen sich ohne viel Mühe die Dinge so zurechtlegen und zusammenrücken, daß ein leidlicher Einklang herauskommt. Aber wir verhalten uns in Wahrheit zur Welt wie zu uns selbst nicht als bloße Betrachter, wir fühlen und erleben, was in ihr vorgeht, so kann jene Beschwichtigung uns nicht genügen.

Aber wenn es demnach bei der Schroffheit des Widerspruchs verbleibt, so hebt er in keiner Weise die Grundtatsache eines Erscheinens des Geisteslebens bei uns auf, er setzt sie vielmehr für sich selbst voraus, die Schädigung und Verkehrung wäre gar nicht möglich, wenn es nichts zu schädigen und zu verkehren gäbe, ohne irgendwelches Gute läßt sich auch kein Böses denken. Ja es mag die Gefährdung selbst das Bewußtsein einer größeren Tiefe wecken, es mag inmitten der Schuld die Gewißheit vom Walten einer sittlichen Ordnung, inmitten des Zweifels die vom Bestehen einer Wahrheit erwachsen. Aber diese Erwägung beläßt uns inmitten des Widerspruchs, und es droht unserem Leben und Streben damit ein völliger Stillstand. Was hilft uns das Erscheinen eines neuen Lebens, wenn es sich nicht durchsetzen kann? Muß es uns nicht bloß belasten und niederdrücken, wenn es uns Aufgaben vorhält, die wir bei gegebner Lage unmöglich lösen können?

Kraft und Vertrauen bewahren könnte sich das Leben nur, wenn eine Erhebung über jene widerspruchsvolle Lage möglich wäre, wenn eine weitere ihr überlegene Erschließung der geistigen Welt erfolgte; diese Möglichkeit aber ist es, welche alle ins Innere gewandte und eine Selbständigkeit entwickelnde Religion vertritt. Denn sie behauptet, daß aus der Eröffnung eines unmittelbaren Verhältnisses der Seele und der Menschheit zur nicht nur weltdurchdringenden, sondern auch weltüberlegenen Gottheit ein neues, jener Gefährdung und Entstellung unzugängliches Geistesleben hervorbricht, unzugänglich deshalb, weil alle menschliche Betätigung hier von der göttlichen getragen und gehoben wird. Die verschiedenen Religionen gehen in der näheren Gestaltung dieses Verhältnisses auseinander; wo immer sie aber zu Erlösungsreligionen werden, da ist kein Zweifel darüber, daß die hier geweckte Tiefe nicht von Haus aus der Seele innewohnt und erst nachträglich zu Gott in Beziehung tritt, sondern daß sie erst aus jenem Verhältnis entspringt und unablässig von ihm getragen sein muß, sie besteht gar nicht für sich selbst, sondern nur in Beziehung und Richtung auf jenes begründende Sein, es ist hier nicht etwas Altes nur gesteigert, sondern es wird etwas Neues geschaffen.

Den Beweis für eine solche Weiterbildung, für das Entstehen eines neuen Lebens, kann aber nur die tatsächliche Entwicklung dieses Lebens liefern, er wird geliefert durch das Erscheinen eines aller bloßen Arbeit, auch der höchsten, überlegenen Seelenstandes und entsprechend beim Ganzen der Menschheit eines reinen und weltüberlegenen Beisichselbstseins gegenüber aller Kultur, auch der Geisteskultur. Wie es mit Recht bei uns Deutschen heißt, daß der Mensch mehr ist als seine Arbeit, so ist auch das Menschheitsleben mehr als ein bloßes Aufbauen der Kultur. Denn was soll denn diese Kultur, wenn sie abgelöst von einem sie erlebenden und durchlebenden Beisichselbstsein als letzter Selbstzweck auftritt und den Menschen zu ihrem bloßen Diener und Werkzeug macht? Wird sie mit solcher Ablösung nicht eine zerstörende Macht, die dem Menschen seine Seele aussaugt und ihn dann gleichgültig fallen läßt? Und verläuft nicht alle ihre geräuschvolle Arbeit schließlich in ein leeres Nichts, wenn sie nirgends ein Selbsterlebnis wird? Dieses aber kann sie, ebenso wie beim Individuum die Arbeit, nur werden, wenn ein ihr überlegenes Leben besteht und sie trägt. Woher aber sollte dieses Leben kommen, wenn nicht aus einer unmittelbaren Beziehung zum weltüberlegenen Quell aller Wirklichkeit?

Die Sache steht augenscheinlich so. Das Ganze des Geisteslebens enthält eine Aufgabe, an der es trotz aller Widerstände festhalten muß. Aber es kann ihnen nicht gewachsen werden, wenn es nicht irgendwie über sie hinausgehoben, irgendwie ihnen gegenüber sicher befestigt wird. Diese Erhebung erfolgt nun nicht durch die ganze Breite des Lebens, sondern nur in einer besonderen Richtung, nur in Bildung einer neuen Tiefe gegenüber der Sphäre der Arbeit. Das ergibt eine Abstufung innerhalb des Geisteslebens selbst, eine Scheidung von Arbeit und Seelenstand, eine Scheidung, welche die Arbeit keineswegs entwertet, aber einen Abschluß des Lebens bei ihr verwehrt. Auch der Seelenstand hat seine eigne Aufgabe und Bewegung. Denn so sehr hier das menschliche Leben am göttlichen hängt, es wird nicht davon absorbiert, auch nicht zu einem unselbständigen Gefäß erniedrigt, sondern in gesteigertem Maße erscheint hier das allem echten Geistesleben innewohnende Wunder des Entspringens einer Selbständigkeit aus dem Wirken einer schaffenden Macht; so hat auch jene seelische Tiefe ein Vermögen der Zuwendung oder des Widerstrebens, der Bekräftigung oder des Abfalls, das Göttliche wird dem Menschen zu vollem Besitz nur durch eigne Entscheidung und Aneignung. Da aber dabei nicht dieses oder jenes an der Seele, sondern ihr Ganzes in Frage steht, so hebt sich diese Aufgabe über alle Aufgaben hinaus und hat bei einem etwaigen Zusammenstoß die unbedingte Überlegenheit. Wie aber das hier entwickelte Verhältnis des Menschen zur weltüberlegenen Geistigkeit ganz und gar dem Bereiche des Geisteslebens angehört, so kann sich hier eine reine Innerlichkeit entfalten, und es wird diese Innerlichkeit, in der die Seele mit dem Ganzen des Geisteslebens wie ein Ich mit einem Du verkehrt, eine größere Wärme und Innigkeit erhalten als in aller geistigen Arbeit, sie wird, so ließe sich sagen, einen mehr persönlichen Charakter gewinnen, wenn nur deutlich im Bewußtsein bleibt, daß der Begriff des Persönlichen hier nur ein Symbol und Zeichen für etwas allen Begriffen und Worten Überlegenes ist. Daß hier der Mensch den tiefsten Punkt der Innerlichkeit erreicht, dafür darf zum Zeugnis auch die Tatsache dienen, daß ein gegenseitiges Verständnis und ein inners Zusammenleben der Menschen zu allen Zeiten am meisten durch die Religion herbeigeführt wurde; die Religion in dem Sinne, wie wir sie hier betrachten, hat mehr als irgend etwas anderes die Menschen sowohl eng zusammengebracht als weit auseinandergetrieben; so erklärt es sich auch, daß Lebensgebiete, die einer Gemeinschaft der Gefühle und Überzeugungen bedürfen, wie namentlich die Kunst, ohne Religion nicht gedeihen können.

Wie alle Religion im charakteristischen Sinne aus dem Verlangen nach einer Befreiung von Leid und Schuld hervorgeht, so muß sie eine Überwindung ihrer vollziehen, damit aber das Leben in eine große Bewegung verwandeln. Diese Bewegung drängt über das Leid hinaus, aber sie kann ihm insofern einen Wert verleihen, als sein Empfundenwerden das Leben aufrüttelt aus starrer Trägheit, eine Sehnsucht in der Seele erweckt und damit die Erhebung in ein neues Leben vorbereitet.

Und wenn alle Entfaltung echter Geistigkeit unser Leben dem bloßen Naturprozesse entwindet und in eigne Tat verwandelt, so muß dieser Tatcharakter sich steigern, wenn durch gewaltigste Erschütterung hindurch ein Aufstieg des Wesens vollzogen, ein neues Leben ergriffen wird. Je kräftiger diese Bewegung und die in ihr liegende Entscheidung sich entfaltet, desto mehr gewinnt das Leben eine Geschichte bei sich selbst, desto mehr läßt sich auch von einer Geschichte der Seele sprechen. Die großen Religionen haben nicht nur meist das All unter einen geschichtlichen Anblick gestellt, sondern sie sind mit ihren Bewegungen selbst die Seele der menschlichen Geschichte geworden, sie wirken der Verwandlung der Wirklichkeit in einen mechanischen Naturprozeß aufs kräftigste entgegen. Die Freiheit, Freiheit im Grunde des Lebens, hat keinen besseren Bundesgenossen als die Religion.

Es läßt sich keineswegs sagen, daß diese Wendung das Leben leichter und angenehmer macht. Denn sie legt das Weltproblem mit voller Schwere auf die Seele des Menschen, und sie steigert die Empfindung des Schmerzes, indem sie alles Leid als eignes miterleben läßt, sie steigert den Ernst der Verfehlung, indem sie diese zu einem Widerspruch gegen einen gütigen und heiligen Willen stempelt, sie macht zugleich vieles unzulänglich, was bis dahin leidlich genügte, wie z. B. die landläufige Moral. Aber die Steigerung der Maße, die in dem allen liegt, ist zugleich eine Erhöhung des Lebens, und wenn in seinen Bewegungen vieles unfertig, anderes dunkel bleibt, so läßt alle Unfertigkeit und alles Dunkel keinen Zweifel daran, daß im Menschen und bei der Menschheit etwas vorgeht, was über aller Willkür und über allem Zweifel liegt, daß unser Leben in großen inneren Zusammenhängen steht und keineswegs nichtig ist.

Damit aber erreichen wir den Punkt, der am meisten die Macht der Religion über den Menschen begründet: sie, und sie allein, befriedigt vollauf sein Verlangen nach geistiger Selbsterhaltung, das Verlangen nach irgendwelchem unbedingten und unbegrenzten Werte dessen, was er erlebt und tut. Nehmen wir zunächst den einzelnen Menschen. Die Natur behandelt ihn mit voller Gleichgültigkeit als einen flüchtigen Durchgangspunkt des Lebens, das Schicksal benutzt ihn und wirft ihn dann weg, die menschliche Umgebung erteilt ihm wohl einen gewissen Wert, aber gewöhnlich einen karg bemessenen und rasch vergehenden; wie oft müssen wir hören und uns überzeugen, daß niemand unersetzlich ist, und wie stark predigt alle Lebenserfahrung das Gebot der Resignation! Und doch ist etwas in uns, das sich gegen diesen Abschluß als etwas Mattes und Greisenhaftes sträubt, ja diesen Abschluß als eine innere Zerstörung verwirft. Denn der Lebensdrang, um den es hier sich handelt, ist nicht der bloße Naturtrieb der Selbsterhaltung, noch weniger das Hangen am kleinen Ich, das durch allen Wechsel und Wandel hindurch nur sein eignes Behagen retten möchte, sondern das Problem ist hier die Erhaltung und Entfaltung des Geisteslebens an dieser besonderen Stelle, die Frage, ob wir, aufgerufen zur Mitwirkung am Bau des Alls, diese Aufgabe fördern wollen und können. Hier geht etwas im Menschen vor, das sich auch gegen ihn selbst behauptet und ihn auch gegen sein Wollen festhält, das schließlich aber auch sein Wollen gewinnen und sein Streben beherrschen soll. Hier gilt es, etwas aufrecht zu halten, das nicht bloß uns selber angeht, auf das wir daher nicht verzichten dürfen, da das eine Preisgebung eines uns anvertrauten Gutes, ein Imstichlassen eines uns obliegenden Werkes wäre. Der darin waltende Lebensdrang dürfte im Gegensatz zum physischen ein metaphysischer heißen; wo er erlischt, da muß alles gleichgültig werden, was wir tun und was wir aus uns machen, da könnte keine Achtung vor uns selbst verbleiben, da könnten wir uns auf nichts stützen, an nichts emporheben, da würde unser Leben Trug und Schein, und all unser Beginnen sinnlos. Aber wie kämen wir wohl zu einem Suchen darüber hinaus, zu einem unermüdlichen und leidenschaftlichen Suchen, wäre nicht schon in uns jener höhere Lebensdrang wirksam? Wenn irgendwo, so erweist hier das Suchen selbst schon einen Besitz und bestehen die Worte Pascals zu Recht: „Du würdest mich nicht suchen, wenn du mich nicht gefunden hättest."

Nun aber kann allein die Religion mit ihrer Erschließung einer neuen Lebenstiefe und ihrer sicheren Begründung solchen Lebensdrang rechtfertigen wie befriedigen; so nimmt jenes unabweisbare Verlangen nach geistiger Selbsterhaltung, d. h. nach Aufrechterhaltung des Geisteslebens an dieser Stelle, notwendig eine Wendung zur Religion; das war es, was Augustinus mit den Worten meinte: „Wenn ich dich, meinen Gott, suche, so suche ich das selige Leben, ich will dich suchen, damit meine Seele lebe".

Das Problem trifft zunächst die einzelne Seele, aber es gilt auch für das Ganze der Menschheit. Denn auch hier entsteht die Frage, ob alle Mühe und Arbeit sich in das Kulturgetriebe erschöpft und sinnlos verliert, oder ob ihm gegenüber ein geistiges Selbst gewonnen wird und mit ihm ein Sinn der unermeßlichen Arbeit.

Dies Problem der geistigen Selbsterhaltung ist die entscheidende Stelle, wo die Religion vornehmlich die Menschheit zu sich hingezwungen hat und immer wieder zu sich hinzwingt. Denn hier handelt es sich um den ursprünglichsten Quellpunkt des Lebens, um das Grundaxiom, mit dessen Bejahung oder Verneinung das Geistesleben bei uns entweder steht oder fällt. Die Bejahung kann nicht erfolgen ohne eine Umkehrung des Ganzen und ein Stellungnehmen in einer nicht nur der Natur, sondern auch der Kultur überlegenen Welt. Das wird immer von neuem Anstoß erwecken und Widerspruch finden; soweit aber diese siegen, verfällt das Leben einer Auflösung und muß schließlich zusammenbrechen; dem kann sich der Mensch nie dauernd ergeben, und so wird die Notwendigkeit einer geistigen Selbsterhaltung die Menschen immer wieder der Religion zuführen, und es muß die Verneinung selbst schließlich ein Weg zur Bejahung werden, freilich oft unter eingreifender Umwandlung dessen wovon man begann. Abschließend läßt sich hier sagen: der scheinbar allergewagteste Punkt ist in Wahrheit der allergewisseste, der an dem die Gewißheit alles Übrigen hängt.

Wie die Religion nur in kühner Erhebung über das, was bisher die ganze Wirklichkeit dünkte, einen sicheren Abschluß fand, so kann auch das ihr eigentümliche

Leben sich nur in Unabhängigkeit, ja in einem Gegensatz zu jener entwickeln, es stellt damit das Ganze des Lebens unter einen eigentümlichen Anblick. Gewiß erhebt die Religion nicht nur über die Welt, sondern sie kehrt auch zu ihr zurück und sucht das von ihr vertretene Leben in ihr zur Herrschaft zu bringen. Aber es zeigt sich bald, daß der Widerstand mit der inneren Überwindung keineswegs verschwindet, er verbleibt und gewinnt im Lauf der Zeit noch immer weitere Verstärkung. So verbleibt auch der Kampf, und es besteht keine Aussicht, ihn auf menschlichem Boden je zu einem reinen Siege zu führen. So hat das Leben seinen Ertrag weniger darin zu suchen, daß es sein Werk zu fertigem Abschluß bringt, als darin, daß es durch Kampf und Erfahrung hindurch bei sich selbst zu neuen Tiefen vordringt, mehr aus sich selber macht, dem Feindlichen mehr Kraft und Geschlossenheit entgegensetzt. Es wird daher der Fortgang der Geschichte nie ein tausendjähriges Reich auf dem Boden der Menschheit erwachsen lassen, wohl aber wird er den Gehalt und die Kraft der Geistigkeit im Bereich des Menschen immer weiter steigern und unser Leben dadurch erhöhen. Aber diese Überzeugung von einer bleibenden Unfertigkeit der Welt und eines bleibenden Kampfes des Menschenlebens treibt die Religion notwendig über das Ganze dieser Welt hinaus und läßt sie einen Sinn für sie nicht sowohl in ihr selbst als in weiteren Zusammenhängen suchen. Das Leben wird damit zum Glied einer weiteren Kette, die wir freilich nicht verfolgen können, ein Akt eines übergeschichtlichen Dramas, dessen Verlauf sich menschlichen Augen entzieht. Die Phantasie der Religionen wird mannigfache Bilder von solchen weiteren Lebensbahnen entwerfen, für das Leben aber ist das Nebensache, ihm liegt vornehmlich daran, daß die Religion das Bewußtsein haben darf, in ihrer Entwicklung der Welt um sie überlegen zu sein und ihre Haupterfahrungen in sich selbst zu tragen, das Bewußtsein, nicht an die Maße jener gebunden zu sein, sondern sie von sich aus messen zu dürfen. Das ist der Religion unentbehrlich, damit sie sicher in sich selber ruhe und einen eignen Charakter entfalte. Sie verwandelt damit das Leben nicht in ein Hoffen und Harren auf ein Jenseits, aber sie stellt es in eine der Welt und Zeit überlegene, bei sich selbst befindliche Ordnung als die letzte Tiefe der Wirklichkeit; die Bewegung geht hier nicht vom Nahen ins Ferne, sondern von der Oberfläche zur Tiefe, sie ist ein Suchen ihrer selbst; es wird nicht zu einer sicher und fest gegründeten Welt etwas Neues nur hinzugedacht, sondern es schlägt hier die Schätzung um: was für den ersten Anblick sicher schien, das zeigt der weitere Fortgang des Lebens in unsicherer Schwebe und eines begründenden Haltes dringend bedürftig; diesen aber verspricht die Religion.

Aber so notwendig das alles ist, es läßt sich daran nicht zweifeln, daß diese Wendung uns an die Grenze menschlichen Vermögens und menschlicher Fassungskraft führt, nicht nur bei den Begriffen, sondern auch bei den Gefühlen und in der Gesamtart des Lebens; leicht kann hier der Mensch ins Halt- und Gestaltlose geraten, im Weiter- und Weiterklimmen aus den Zusammenhängen fallen und darüber schließlich an allem irre werden. Im besondern kann die religiöse Bewegung beim bloßen Individuum ein flüchtiges Aufblitzen bleiben, ein überschwengliches Aufwallen des Augenblicks, das keine tiefere Spur hinterläßt und den Kern des Wesens kaum berührt. Solchen Gefahren gegenüber drängt es notwendig zur Bildung eines religiösen Lebenskreises, der das von der Tiefe aufquellende Leben fasse und allen nahebringe, der sie mit einer eigentümlichen geistigen Atmosphäre umfange und der Zufälligkeit und Flüchtigkeit individueller Lage und Laune einen festen Bestand entgegenhalte. Zur Überleitung des religiösen Grundtriebs und Grundaffekts in ruhige und fruchtbare Arbeit ist jene Wendung zur religiösen Gemeinschaft, zur Kirche, nicht zu entbehren. Diese Wendung zur Gemeinschaft bedeutet aber zugleich eine Wendung zur Geschichte. Denn nie an allgemeinen Prinzipien und Ideen werden sich die Menschen zusammenfinden, sondern nur an geschichtlichen Vorgängen und Erfahrungen. Damit wird das Leben der Religion eine greifbare Verkörperung und zugleich eine Individualisierung erhalten, mit ihnen freilich neue Aufgaben und Gefahren. Die Verkörperung nämlich kann die Seele schädigen und verdrängen, die Individualisierung kann mit dem Grundgehalt des religiösen Lebens in Widerspruch kommen, das Individuum kann erdrückt werden durch die Macht der sozialen Umgebung und der lebendige Augenblick durch das Hangen an der Vergangenheit. Diese Verwicklungen, die wir heute besonders empfinden, werden uns später zu beschäftigen haben. Aber so schwer sie wiegen und so sehr sie die Gemüter aufregen mögen, die Notwendigkeit der Bildung einer religiösen Gemeinschaft können sie nicht in Frage stellen. Eine charakteristische Religion ist ohne eine solche schlechterdings nicht aufrechtzuhalten; man muß sie entweder der Verflüchtigung preisgeben oder das geistige Vermögen und den Wahrheitstrieb der Individuen übermäßig schätzen, um eine Kirche für entbehrlich zu halten. Wenn heute die aufstrebenden Geister die Kirche vornehmlich als einen Druck und eine Hemmung empfinden, so liegt das nicht an ihrem Wesen überhaupt, sondern daran, daß die heutigen Kirchen den Notwendigkeiten der weltgeschichtlichen Lage nicht entsprechen, daß sie innerlich veraltet sind. Aber eine solche Erfahrung müßte nicht zu einer Verwerfung, sondern zu einer Erneuerung der Kirchen drängen; was an sich notwendig ist, das können alle Mängel eines zeitweiligen Standes nicht entbehrlich machen.

c) Rückblick und Zusammenfassung.

Unsere Betrachtung der Religion verlief nicht in einer Fläche, sie durchlief nach Sicherung eines Ausgangspunktes im Geistesleben zwei Stufen auch innerhalb der Religion, die der universalen und der charakteristischen Religion. Wir sahen die Religion erst auf dieser letzteren zur Selbständigkeit und zur Ausbildung einer eignen Gedankenwelt, sowie zur Schöpfung eines eignen Lebensgebietes gelangen, während sie vorher nur zur Befestigung und Vertiefung des gesamten Geisteslebens wirkte. Aber so notwendig es über die universale Religion hinausdrängt, sie darf kein bloßer Durchgangspunkt werden, sondern sie muß ein wesentlicher Bestandteil des religiösen Lebens bleiben. Die charakteristische

Religion, allein auf sich selbst beschränkt, verliert leicht die Fühlung mit dem Ganzen des Lebens; dabei aber wird sie nicht nur eng und abgeschlossen, sondern sie freut sich wohl gar solcher Enge als einer Absonderung von der „schlechten“ Welt. Das ist der Weg zu innerer Erstarrung und geistlichem Hochmut, zu Pietismus und Pharisäismus. Aber solche Verengung trägt ihre Strafe in sich selbst. Sie verliert nicht nur eine kräftige Wirkung auf das übrige Leben, sondern sie kann bei ihrer Ablösung leicht viel zu sehr ein bloßes Wogen und Wallen subjektiven Gefühles werden und zugleich wehrlos gegen den allezeit bereiten Zweifel, der das Ganze für ein Hirngespinnst des bloßen Menschen erklärt. So darf auch in der Weiterbildung der Zusammenhang nicht verloren gehen, und es muß die Religion, um gesund und kräftig zu sein, innerhalb eines weiteren Ganzen des Lebens verbleiben. Die charakteristische Religion hat durch die universale hindurch ihr Wirken in alle Verzweigung des Lebens zurückzuerstrecken. Beide Arten aber müssen in unablässiger Wechselwirkung bleiben, damit das Leben der Religion in sich selbst eine Bewegung trage und nicht über dem Charakter die Weite und über der Weite den Charakter verliere.

Solches Aufsteigen vom Geistesleben überhaupt zur universalen und von dieser zur charakteristischen Religion sei aber ja nicht so verstanden, daß jeder Einzelne bei sich selbst diese Bewegung zu durchlaufen habe, um der Religion teilhaftig und gewiß zu werden. Das würde die Religion nicht nur zur Sache einer kleinen Schar, einer Aristokratie der Geister, machen, wo doch gerade sie sich an alle und an das Ganze der Menschheit wendet, sondern es würde eine derartige Vermittlung sie leicht als eine bloße Zutat erscheinen lassen, der alle ursprüngliche Kraft versagt ist. In Wahrheit liegt die Sache völlig anders, und es erweist sich auch an dieser Stelle, daß die Religion dieselben Erfahrungen nur mit größerer Deutlichkeit macht, die durch alles Geistesleben gehen. Die Art nämlich, wie der Mensch sich zu etwas hinarbeitet, entscheidet nicht über das Erlebnis, zu dem die Arbeit führt, die Art des Aufklimmens nicht über den Blick, den die Höhe eröffnet. Was für uns an mannigfache Bedingungen und Vermittlungen geknüpft ist, das kann bei klarem Hervortreten unmittelbar zu uns wirken und eine ursprüngliche Kraft entwickeln. Wäre dies nicht der Fall, so würde alle Bildung des Einzelnen und alle Kultur des Menschengeschlechts, die uns doch so viel Mühe machen, nur eine künstliche Zutat, sie könnten uns nie zu wahrhaft eignem Leben werden; dann wäre das Leben wie die Geschichte ein immer weiteres Altern und Greisenhaftwerden. Der Lebensprozeß wirft schließlich die Schale ab, die für seine Bildung unentbehrlich war, und alle Verwicklung der Arbeit weicht der Jugendfrische von Urerlebnissen, die ihre Bestätigung in sich selber tragen. Denn schließlich kann nur das Leben selbst die Wahrheit des Lebens erweisen. Auch hier vollzieht sich eine Umkehrung: die wahre Ursprünglichkeit liegt nicht am Anfang, sondern am Ende des Weges, mit ihr aber auch die echte Überzeugungskraft. Diese Befreiung des geistigen Lebens von der Art, wie wir zu ihm gelangen, vollzieht sich in allen Lebensgebieten, am meisten eingreifend und umwälzend aber in der Religion. Denn diese hat, auf ihr Werden angesehen, die meisten Vorbedingungen und ist daher am meisten der Bezweiflung und Verneinung ausgesetzt; zu ihrer Höhe gelangt aber ist sie das Allereinfachste und Ursprünglichste, das was mit der Sorge für die geistige Selbsterhaltung, für eine Rettung der Seele am unmittelbarsten und verständlichsten sprechen kann.

Bei solcher Gewißheit bleibt aber die Religion zugleich eine Sache der Freiheit und persönlichen Entscheidung, auch hier in völligem Einklang mit den übrigen Gebieten geistigen Schaffens. Alle diese Gebiete ergreifen den Menschen nicht mit einem mechanischen Zwange, sie fordern ein eignes Eintreten in die Bewegung für ihre Ziele; nur dann geben sie an ihren Erfahrungen teil und eröffnen ein Auge für den Reichtum ihres Lebens, nur dann erlangen sie eine Überzeugungskraft. Wo aber der Sinn für ihr Wollen und Wirken verschlossen bleibt, da müssen sie bloße Illusionen dünken. Wie töricht muß das Mühen des Denkers um wissenschaftliche, des Künstlers um künstlerische Wahrheit erscheinen, wo das ganze Ziel der Wahrheit die Seele vollständig kalt läßt, und wie unverständlich wird damit alles, was das Streben nach Wahrheit erringt, wie leicht läßt sich dann alles durch flachen Verstand oder ätzenden Spott widerlegen! Bei der Religion ist das Problem noch größer, weil es sich hier nicht um Entwicklungen des Lebens nach besonderer Richtung, sondern um das Ganze des Lebens handelt. So liegt hier vornehmlich alles am eignen Eintritt in die Bewegung, damit die Entwicklung des Lebens überzeugend und zwingend werde; der Eintritt selbst ist keinem aufzuzwingen, wohl aber läßt sich zeigen, daß seine Ablehnung das ganze Leben entseelt, und daß nur eine Halbheit des Denkens das schroffe Entweder—Oder verdunklen kann, welches, das ganze Menschenleben durchdringend, bei der Religion seinen deutlichsten Ausdruck erhält. Für die Gedankenwelt aber bleibt es dabei, daß die Durchblicke der Wirklichkeit sich letzthin nach der Höhe des Lebensstandes bemessen; so ist auch der Kampf um eine Wahrheit der Überzeugung vor allem ein Kampf um die Höhe des Lebens.

C. Entwicklung der Antwort.

Vorerwägungen.

Wenden wir uns nunmehr zum Christentum als einer geschichtlichen Wirklichkeit, so sei zunächst erwogen, welche Stellung zu einer derartigen geschichtlichen Tatsache die bisherige Untersuchung uns auferlegt. Es gilt dabei eine Aufklärung sowohl über das Verhältnis des Christentums zu den anderen Religionen als über das der verschiedenen Gestaltungen des Christentums untereinander. Die von uns entwickelten Überzeugungen ziehen aller Leistung der Geschichte bestimmte Grenzen, innerhalb dieser Grenzen aber geben sie ihr eine nicht geringe Bedeutung; Begrenzung und Bedeutung miteinander erzeugen eine eigentümliche Behandlungsweise und eröffnen große Probleme.

Vor allem zeigte unsere Untersuchung die Religion als ein gemeinsames Erlebnis des Menschenwesens, uns allen gemeinsam ist das Verlangen nach geistiger Selbsterhaltung, und uns allen gemeinsam auch die Eröffnung eines neuen Lebens, das uns solche Selbsterhaltung bringt. Wie an dieser Wendung letzthin alle Entfaltung echter Geistigkeit im Bereich der Menschheit hängt, so müßte den Menschen aus der geistigen Welt herausfallen lassen, wer ihm alle Teilnahme an jener erhöhenden Wendung versagt. Daher ist mit größter Entschiedenheit dem Anspruch einer besonderen Religion und so auch des Christentums entgegenzutreten, unter Ausschluß und Verwerfung aller übrigen Religionen die einzige Religion, die allein wahre Religion zu sein. Man braucht diese Behauptung nur in ihre Konsequenzen durchzudenken, um sie als eine ungeheuerliche zu empfinden. Auch die anderen Religionen lassen den Menschen in der Überzeugung leben und sterben, daß göttliches Leben in ihnen waltet und den Menschen über sich selbst hinausführt; wird aber die Erweisung des Göttlichen auf jene eine beschränkt, so kann solche Überzeugung nur eine grobe Irrung bedeuten, so wird die vermeintliche Offenbarung zu bloßem Trug und Schein. So ließ sich denken, so lange der Mensch ganz und gar einem geschlossenen Kreise angehörte und alles was außer diesem lag, in Bausch und Bogen verwarf. Das war die Art des Mittelalters, aber es kann nicht die der Neuzeit sein. Denn ihre unermeßliche Erweiterung des Horizontes und ihr liebevolles Sichversenken in alle Weite menschlicher Entwicklung rückt uns eine Fülle anderer Bildungen vor Augen und in ihnen so viel redliches Streben, so viel Arbeit und Aufopferung, zeigt uns auch inmitten alles Auseinandergehens so viel Verwandtschaft der Grundprobleme und Grunderfahrungen des Menschen, daß es schlechterdings unmöglich wird, das alles gänzlich zu verwerfen, in ihm nur ein Abirren vom Ziel, nur Wahn, Trug, Aberglauben zu sehen. Einen Mittelweg aber an dieser Stelle kann nur eine unklare Denkart versuchen. Wirkte nämlich nicht Göttliches in jenen Religionen, so war es etwas Ungöttliches und Widergöttliches, etwas das die Stellung des Göttlichen widerrechtlich usurpierte, so war alles an ihnen krasser Götzendienst, so waren sie nur Zerrbilder der Religion. Wie dürften wir bei solcher Überzeugung unsere Bildung auf das klassische Altertum gründen, das dann auch seinem tiefsten Grunde nach leerem Wahn verfallen schiene? Wird aber wohl jemand, der das Lebenswerk eines Äschylus und Pindar, eines Plato und Plotin näher kennt, dreist genug sein, diesen Männern eine tiefe Frömmigkeit abzusprechen und sie als Götzendiener zu verschreien. So waren denn auch beim Aufstieg des Christentums eben die leitenden Geister eifrig darauf bedacht, das Christentum über den geschichtlichen Daseinskreis hinaus ins Universale zu erweitern. Der größte Denker der morgenländischen Kirche, Origenes, meint, daß die Liebe Gottes, den er gern den „Gott über allen" (ὁ ἐπὶ πᾶσι θεός) nennt, alle Völker und Zeiten umfasse, und daß ohne ihn nichts Gutes unter den Menschen geschehe. Wohl sieht er im Christentum mit dem Eingehen des Göttlichen in die Welt den höchsten Erweis dieser Güte, aber es bildet ihm nur den Gipfelpunkt dessen, was durch die ganze Menschheit geht. Von dem größten Geist des christlichen Abendlandes aber, von Augustinus, stammen die Worte: „Was jetzt christliche Religion genannt wird, das war auch bei den Alten und fehlte nicht seit Beginn des Menschengeschlechts, bis Christus selbst körperlich (in carne) erschien. Seitdem begann die schon vorhandene wahre Religion die christliche genannt zu werden." Solchen Überzeugungen bedeutet das Christentum mehr als ein begrenztes geschichtliches Werk; bedeutet es aber mehr, so ist der Gedanke einer alle Mannigfaltigkeit religiösen Lebens umfassenden Religion zum mindesten nahegerückt. Es kann daher nicht als eine Verirrung gelten, wenn die philosophische Betrachtung die Religion als eine der ganzen Menschheit gemeinsame Angelegenheit behandelt und alle Einengung auf einen besonderen Kreis als unerträglichen Partikularismus verwirft.

Aber andererseits will die Tatsache gewürdigt sein, daß die Religion nur in der Verkörperung zu geschichtlicher Gestalt eine selbständige Wirklichkeit ward und eine lebendurchdringende Macht gewann; eben unsere Überzeugung von ihr als der Eröffnung eines neuen, weltüberlegenen Lebens bringt dem volles Verständnis entgegen. Wäre die Religion eine bloße Entwerfung von Lehren über göttliche und menschliche Dinge, eine Beleuchtung des menschlichen Daseins von einer Überwelt aus, schritte überhaupt die geistige Bewegung von den Begriffen zum Leben und nicht vom Leben zu den Begriffen vor, so wäre wenigstens nicht ausgeschlossen, daß wir uns in einem Grundstock von Lehren zusammenfänden und das gemeinsam Errungene überall durchzusetzen suchten. Aber wir sahen, daß die Sache völlig anders liegt. Es gilt bei der Religion den Gewinn eines Lebens, das uns mit überwältigender Kraft ergreife und uns über den vorgefundenen Stand hinaus zu neuer Höhe erhebe, es tut hier ein gewaltiges Aufrütteln not, ein Abbrechen des Alten, ein Hervorbrechen ursprünglicher Lebensquellen. Eine solche Macht und Wirkung scheint aber die Religion nur unter ganz besonderen Umständen und Bedingungen erreichen zu können, nur an einzelnen Höhepunkten, wo eine zwingende Gewalt, zum Ürerlebnis großer Persönlichkeiten geworden, das Leben und Streben über alle Sorge um andere Dinge und über alles Schwanken reflektierender Überlegung hinaustrieb; nur an solchen Durchbruchspunkten geistigen und göttlichen Lebens entzündete sich ein Feuer, das Jahrtausende erwärmen konnte, nur hier entsprang eine unvergleichliche Lebenseinheit, die aller Mannigfaltigkeit einen gemeinsamen Charakter gab, damit einen einzigartigen Typus schuf und mit den dadurch eröffneten Zielen das menschliche Streben durch die lange Kette der Zeiten fest zusammenzuhalten vermochte. Fällt nicht ins Leere, wer sich von solcher Weiterbildung und Individualisierung des religiösen Lebens entfernt?

Die Sache wäre einfach und dürfte als entschieden gelten, wenn es nur eine einzige derartige geschichtliche Individualisierung gäbe, nun aber gibt es deren mehrere, und was der einen recht ist, das muß auch den anderen billig sein. Oder sollen wir bei solcher Mehrheit der Religionen einfach diejenige für wahr erklären und leidenschaftlich verteidigen, in die der Zufall der Geburt uns versetzt hat? Soll, um ein Rousseausches Wort zu verwenden, der Glaube zu einer Sache der Geographie werden und der Mensch dafür eine Belohnung erhalten, daß er in Rom und nicht in Mekka geboren ist? Als denkende und zu klarem Bewußtsein erwachte Wesen können wir nicht anders als überschauen, vergleichen und messen; suchen wir aber dafür einen Maßstab, so kann er kein anderer sein als die Leistung der besonderen Religion für das Gesamtproblem der Religion, d. h.

diejenige Individualisierung wird uns als die wertvollste gelten müssen, und an diejenige werden wir einen Anschluß suchen, die das Gesamtleben der Religion in weitestem Umfang aufnimmt und mit größter Kraft über den allgemeinen Umriß hinausführt, an diejenige, welche die Religion am meisten zur vollen Wirklichkeit für die Menschheit wie den Einzelnen erhebt; einer Prüfung nach diesem Maßstab kann sich auch das Christentum nicht entziehen.

Zu diesem Problem der Stellung des Christentums unter den Religionen gesellt sich aber als weiteres das des Verhältnisses der einzelnen Formen des Christentums untereinander. Es sind nun einmal verschiedene Formen entstanden und machen alle Anspruch auf den Besitz der christlichen Wahrheit und des christlichen Lebens, das aber ergibt eine ähnliche Verwicklung wie vorher bei den Religionen. Jede einzelne Konfession scheint nicht die volle Hingebung der Gesinnung und die volle Energie des Handelns beschaffen zu können ohne die Überzeugung, daß sie die beste, ja die einzige legitime Vertreterin der christlichen Wahrheit sei, während die anderen nur minderwertige Entartungen bedeuten. Wird aber mit diesem Gedanken voller Ernst gemacht, wie dafür namentlich im römischen Katholizismus viel Neigung ist, so entsteht eine unerträgliche Härte. Denn die anderen Konfessionen dürfen dann nicht als berechtigte Mitbewerber, sondern sie müssen als rechtswidrige Usurpatoren, als Verfälscher der Wahrheit erscheinen, damit aber als unversöhnliche, möglichst mit Stumpf und Stiel auszurottende Gegner. Wer vor solcher Härte zurückschreckt, der wird genötigt, eine christliche Wahrheit und ein christliches Leben weiterer Art über die konfessionelle Gestaltung hinauszuheben und damit ein freundlicheres Verhältnis auszubilden; tut man aber dies und betrachtet damit die verschiedenen Kirchen als bloße Erscheinungsformen oder als Individualisierungen einer gesamtchristlichen Bewegung, so ist der Frage schwer zu entgehen, ob diese Bewegung sich in jenen Erscheinungsformen erschöpft hat, und ob nicht vielleicht die weltgeschichtlichen Wandlungen der Neuzeit, von deren Wirken wir uns überzeugten, mit den vorhandenen Gestaltungen in Widerspruch kommen und zwingend zu neuen treiben.

So zerlegt sich die Frage, ob wir heute noch Christen sein können, für uns in zwei Fragen: einmal gilt es eine Aufklärung darüber, ob die religiöse Schöpfung, die im Christentum vorliegt, sich mit ihrem Grundgehalt als die überragende Höhe des religiösen Lebens allen Angriffen und Widerständen der Neuzeit gegenüber zu behaupten vermag, und ob die notwendigen Wandlungen seine Kraft und seine Wahrheit nicht abzuschwächen, sondern vielmehr zu verstärken versprechen; weiter aber entsteht die Frage, ob die Gestaltungen, in denen das Christentum vorliegt, den Wahrheitsgehalt des in den Bewegungen und Erfahrungen der letzten Jahrhunderte neu aufsteigenden Lebens in sich aufzunehmen vermag, und ob nicht die Sorge um die volle Kraft und Wirkung des christlichen Lebens selbst das Streben über sie hinaustreibt.

Für die Behandlung dieser Fragen liefern uns die vorangehenden Untersuchungen bestimmte Anhaltspunkte: wir überzeugten uns von dem eigentümlichen Wollen des Christentums, und wir sahen auch, was die Neuzeit ihm an Bedenken und Angriffen entgegenhielt, wir überzeugten uns aber auch, daß die Neuzeit, so viel Großes und Bleibendes sie gewinnen ließ, bei diesen letzten Fragen in dem Unangreifbaren sich als unfertig und noch mitten im Fluß befindlich darstellt; daß sie aber da, wo sie sich als fertig gibt, höchst angreifbar ist und einer Verflachung und Zerstörung des Lebens nicht scheint entgehen zu können. Solches Sichdurchkreuzen der Bewegungen trieb zu einer Ablösung des Problems von der besonderen Lage der Zeit und zu einer selbständigen Erwägung; dabei gewann die Religion uns einen hohen Wert, aber unentschieden blieb die Frage, wie weit diese Schätzung sich auf den geschichtlichen Bestand erstrecke, und zugleich blieb unentschieden unser Verhalten zu ihm. Muß uns nun dieses alles bei der Erwägung und Prüfung gegenwärtig sein, so gilt es dabei mit besonderem Eifer danach zu streben, daß nicht unsere subjektiven Meinungen und Schätzungen, sondern die weltgeschichtlichen Bewegungen und Wandlungen des gemeinsamen Lebens, Wandlungen, welche nicht sowohl die Lage und die Stimmung des Menschen als den Bestand des Geisteslebens verändert haben, zu Worte kommen und die Entscheidung fällen. Nur bei solchem Rückhalt läßt sich den mannigfachen Gefahren entgegenwirken, die ein derartiges Unternehmen mit sich bringt.

Wir gedenken aber zunächst die einzelnen Hauptpunkte zu durchlaufen, welche die Eigentümlichkeit des Christentums besonders zum Ausdruck brachten, und dann überschauend seine Gesamtstellung und die Forderungen für die Behauptung dieser Stellung zu untersuchen.

I. Das Recht und die Erneuerungsfähigkeit des Christentums.

1. In trüber Zeit hatte das Christentum der Menschheit Halt und Trost gebracht, indem es in energischer Umkehrung des ersten Lebensstandes die Religion mit ihrem auf Gott gerichteten und von ihm erfüllten Leben zur beherrschenden Hauptsache machte und von ihr aus alles Leben gestaltete. In Weiterführung dieses Strebens war im Mittelalter ein allumfassendes religiöses Kultursystem entstanden, das seine Wirkungen bis in die Gegenwart erstreckt. Aber der Grundzug der Neuzeit widersprach mit wachsender Kraft solcher Fassung und Begrenzung des Lebens, die Welt gewann dem Menschen mehr Wert und zog ihn immer stärker an sich, sie lud ihn zugleich immer mehr zu eigner Tätigkeit ein und gab ihm immer mehr zu entdecken und weiterzubilden, sie ließ ihn darin immer mehr seine volle Befriedigung finden. Es konnte aber nicht wohl in dieser Weise die nächste Welt dem Menschen zur vertrauten Heimat werden und ihn sich wohl in ihr fühlen lassen, ohne daß ihm die Überwelt verblaßte und das Göttliche zu einer bloßen Vertiefung und Begleitung des Kosmos wurde, bis es sich am Ende gänzlich zu verflüchtigen schien. Und zugleich erhob sich Widerspruch gegen ein bloßreligiöses Lebenssystem und sein Beherrschen aller menschlichen Dinge. Die anderen Lebensgebiete eroberten nach und nach, oft in hartem Kampf, eine Selbständigkeit, nur mit solcher und ohne ein stetes Umbiegen und Hinschielen zur Religion schienen sie den ihnen innewohnenden Wahrheitsgehalt treu und

rein entwickeln zu können; es durfte sich ein solches Streben auf eine allen Menschen gemeinsame Vernunft berufen als ein Vermögen nicht bloß scharfer Kritik, sondern auch vordringenden Schaffens. In solcher Vernunft lag das Verlangen nach einer Universalkultur, die alle einzelnen Gebiete umfasse und beseele; das alte religiöse System ward von hier aus zu einer unerträglichen Enge, und zu eng ward auch für das Individuum die bloß-religiöse Gestaltung des Lebens.

Das sind Wandlungen, mit denen jeder zu rechnen hat, dessen Streben dem Stande der weltgeschichtlichen Bewegung entsprechen soll, es sind Wandlungen nicht der bloßen Individuen, sondern des Menschheitslebens, Wandlungen nicht vornehmlich des subjektiven Befindens, sondern des Kernes der Arbeit. Aber alle Anerkennung läßt die Frage offen, ob diese Wandlungen den letzten Abschluß bringen und nicht vielmehr selbst neue Verwicklung erzeugen. Ja gewiß, es ist im nächsten Kreise mehr Tätigkeit entfaltet, und sie hat der Welt einen höheren Wert verliehen, aber unsere eigne Untersuchung zeigte, wie wenig diese Tätigkeit den Grund der Seele erfüllt, und wie das rastlose Hasten zu wachsender Kraftsteigerung das Leben schließlich in völlige Leere führt. Das moderne Anschwellen der Tätigkeit ruft notwendig zwei Fragen und zwei Forderungen hervor: die Tätigkeit muß sich, um Förderung des ganzen Menschen zu werden, zu geistigem Schaffen steigern, und die Tätigkeit kann die innere Unruhe und das sinnlose Hasten nur überwinden, wenn sie ein Gegengewicht durch ein Ruhen in überzeitlicher Wahrheit und durch Eröffnung eines Friedens der Seele gewinnt. Eine solche Vertiefung und eine solche Ergänzung gewährt ihr aber nie das Weltgetriebe mit all seinem Vermögen, sondern nur eine Erhebung darüber und damit eine Wendung zur Religion. Das ist es, was die heutige Lage von der des alten Christentums wesentlich unterscheidet: jene müde und matte Zeit suchte möglichste Einstellung aller eignen Tätigkeit, suchte Ruhe gegenüber der Tätigkeit als einen sicheren Hafen vor den Stürmen des Lebens, und diese Ruhe fand sie allein in Gott; „du hast uns zu dir hin geschaffen, und unser Herz ist unruhig, bis es ruhet in dir" (Augustinus). Uns Neuen aber erfüllt ein gewaltiger Lebensdrang, im Fortschritt der Tätigkeit finden wir Freude und Hoffnung des Lebens, unmöglich können wir die Tätigkeit lassen und uns stiller Ruhe ergeben. Soll sich also das Göttliche uns erweisen, so muß das nicht gegenüber der Tätigkeit, sondern innerhalb ihrer geschehen durch ihre Vertiefung, Veredlung, Vergeistigung; das Göttliche erscheint dann nirgends mehr gegenwärtig als in dem Selbständigwerden und dem Beisichselbstsein der Tätigkeit.

Die Entwicklung dessen ergibt einen veränderten Typus des religiösen Lebens, sie verlangt eine aktivere Art der Religion, in welcher Göttliches und Menschliches nicht mehr einen solchen Gegensatz bilden, daß vom Menschen niedrig denken muß, wer Gott recht ehren möchte, bei der vielmehr die Erhöhung des Menschen als ein Werk Gottes verstanden wird. Freiheit und Gnade stehen dann nicht mehr im Gegensatz zueinander, sondern sie bilden zusammengehörige Seiten ein und desselben Geschehens, Kraftgefühl und Ehrfurcht schließen einander nicht mehr aus, sondern sie fordern und fördern sich gegenseitig, es entsteht damit eine männlichere, aufrechtere, freudigere Gestaltung des Lebens gegenüber der älteren Devotion, die uns niedrig und knechtisch vorkommt. Solche größere Aktivität widerspricht aber keineswegs dem Geist des Christentums. Denn wenn seine Sorge zunächst auf das Leiden und nicht auf das Handeln ging, so kam das zum guten Teil von der besonderen Lage der Zeit; ferner hat es das Leid keineswegs als ein stumpfes Ertragen gefaßt, sondern es hat in ihm selbst eine nur weiter zurückgelegene Tätigkeit aufgedeckt und aus solcher Tätigkeit ein neues Leben entwickelt. Es schätzte nicht das Leid und die Hemmung an sich, sondern die von ihnen bewirkte Vertiefung des Lebens; so konnte in seinem Kreise das Wort entstehen, daß Leiden der Gipfel der Tätigkeit sei (passio summa actio). Mag der Verlauf der Geschichte diesen Tätigkeitscharakter oft verdunkelt haben, er hat ihn auch immer wieder deutlich hervorgetrieben. Einen großen Abschnitt bildet hier die Reformation, denn darin vornehmlich spricht sie ihr Wesen aus, daß sie alle blinde Devotion verwirft und die Seele vornehmlich auf ihre eigne Erfahrung stellt. Nun treibt es uns heute noch weiter über den Stand der Reformation hinaus, weil diese, namentlich in der lutherischen Fassung, die Aktivität zu sehr auf das Innere der Seele beschränkte und die schlechte Welt ihrem eignen Lauf oder auch der göttlichen Fügung überließ, während wir Neueren auf einer kräftigeren Erweisung des Göttlichen in der Weltumgebung und auf einer vollen Durchdringung der Welt bestehen. Soviel ist gewiß, daß eine innere Hebung der Tätigkeit und eine männlichere Gestaltung des Lebens nicht einen Bruch mit dem Grundzuge christlichen Lebens, sondern eine Fortentwicklung bedeutet.

Zugleich verändert sich uns die Stellung zur Welt. Wir sahen, wie die Neuzeit eine engere Berührung des Göttlichen mit der Welt verlangte, wie sie jene nicht sowohl jenseits der Welt als innerhalb ihrer suchte. Dieser Zug des Lebens erklärt die Macht des Pantheismus im modernen Geistesleben, den Zauberklang, den das Wort Immanenz für die Gemüter hat. Es ist uns eben die Welt weit mehr geworden, und sie hat uns weit mehr Zusammenhang, Schönheit und Leben erschlossen, das rührselige Klagen über ihre Schlechtigkeit will uns daher nicht mehr gefallen. Aber wir sahen, daß dies Wachstum der Welt nur möglich ward kraft des Wirkens eines sie begründenden und ihr überlegenen Geisteslebens, das sie gestaltete und sich in ihr wiederfand. Daher kann uns der Pantheismus, der Welt und Gottheit zusammenwirft, nur als eine falsche Deutung und Verkehrung des Tatbestandes erscheinen. Das stärkere Wirken der Gottheit in der Welt, das der Neuzeit aufgegangen ist, besagt keineswegs ein Aufgehen der Gottheit in die Welt. Dem Begriff der Gottheit ist wesentlich eine Weltüberlegenheit; ist die Welt das Ganze der Wirklichkeit, so ist kein Platz mehr für eine Gottheit. Der Pantheismus ist namentlich deshalb energisch abzuweisen, weil er als schwankendes Mittelgebilde das große Problem verdunkelt und zugleich die Energie des Lebens schwächt. Er leidet an einer inneren Halbheit. Er will mehr als das bloße Nebeneinander der Dinge, das die Welt der Erfahrung bildet, und er beteuert seinen Abstand von allem bloßen Materialismus, aber er scheut ängstlich davor zurück, diesem Mehr irgendwelche Selbständigkeit zuzuweisen und es bei sich selbst zu begründen, es muß so zurückhaltend, so bescheiden, so schattenhaft bleiben, daß es den Bestand der Dinge gar nicht verändert und auch das Leben nicht irgend verpflichtet, daß man es kaum anderswo verspürt als da, wo es der eignen Dürftigkeit einen Aufputz zu geben gilt. In der Sache rechtfertigen eben die Erfahrungen des 19. Jahrhunderts die pantheistische Darstellung der Wirklichkeit als eines Reiches lauterer Vernunft in Wahrheit überaus wenig. Denn die Natur erscheint uns jetzt nicht mehr wie früheren Zeiten als ein Reich seelenvollen Zusammenklangs und seligen Friedens, sondern als ein rätselhaftes Getriebe und als der Schauplatz eines ständigen Kampfes ums Dasein; auch die Menschheit verliert in den wilden politischen und sozialen Kämpfen die romantische Verklärung von vordem, und auch die heute übliche Verherrlichung der Persönlichkeit, ihrer Größe und Würde usw. wird eben in einer Zeit, welche die Kleinheit und Selbstsucht des Menschen so stark empfinden läßt, zu einer hohlen und irreleitenden Phrase, wenn sie nicht aus größerer Tiefe begründet wird. Wie die Dinge stehen, bleibt nur die Entscheidung zwischen dem Theismus und dem Atheismus; der Theismus ist aber verschiedener Arten fähig, und hier zwingt uns allerdings die Arbeit und die Erfahrung der Neuzeit nach einer neuen Art zu streben. Aber jenes Entweder—Oder wird dadurch nicht aufgehoben oder auch nur abgeschwächt.

Die moderne Verschiebung der Wirklichkeit für den Menschen, welche der Pantheismus bei der Welt anschauung — freilich schief und verfehlt — zum Ausdruck bringt, erstreckt sich auch in die Lebensarbeit und ruft hier noch größere Verwicklungen hervor. Indem uns die Aufgaben innerhalb der Welt unablässig wachsen und unsere Kraft immer mehr in Anspruch nehmen, drängt es uns dazu, auch das Göttliche nicht sowohl in der Überlegenheit gegen das menschliche Leben als in Beziehung zu ihm aufzusuchen, das Spezifischreligiöse verblaßt uns vor der Betätigung im menschlichen Kreise. Novalis' Wort „Unter Menschen muß man Gott suchen" ist so verstanden ein Bekenntnis moderner Denkart. Aber hier liegt sofort wieder eine Verirrung nach der Richtung nahe, das Menschliche in seinem bloßen Erfahrungsbestande ohne alle Beziehung zu weiteren Tiefen zu verherrlichen und zum Ziel alles Handelns zu machen; so ist auch die Bewegung zu einer Sozialkultur, welche die Gegenwart durchflutet, nur berechtigt und wertvoll, wenn sie sich in den Zusammenhängen des geistigen und zugleich des religiösen Lebens hält, sie wird ein Abweg und eine Irrung, wenn sie sich davon ablöst und für sich das Ganze sein will. Denn was für ein weiteres Ziel bleibt bei solcher Wendung als das Wohlbefinden, das Behagen der Menschen, und das führt unvermeidlich das Leben in Verweichlichung und Epikureismus, es verfällt auch dem Wahn, daß die große Zahl schon von sich aus eine innere Erhöhung bewirke, daß Quantität sich ohne weiteres in Qualität verwandle, ein Wahn, den doch die Eindrücke und Erfahrungen unserer Zeit zur Genüge widerlegen. Plato sagt einmal, daß den Staat nur der gut leiten könne, der Höheres kennt als den Staat; ähnlich könnte man sagen, daß nur derjenige den Menschen und die Menschheit wahrhaft fördern kann, der Höheres kennt als das Menschenwesen. Mit so gutem Grunde daher die Neuzeit dahin drängt, die Betätigung der Religion vornehmlich im Wirken zum Menschen zu suchen: verwirft sie dabei alles, was über die bloße Menschheit hinausführt, und verwandelt sie alle Kultur in bloße Menschenkultur, so muß das Ganze zu unsäglicher Verflachung wirken, und die Sozialkultur nicht nur zur Religion, sondern auch zu aller echten Geisteskultur in unversöhnlichen Widerspruch treten. So liegt außerordentlich viel daran, daß auch bei der Lebensarbeit die Bewegung zur Immanenz ihr Recht erhält, aber zugleich die Überlegenheit des Göttlichen voll gewahrt bleibt, das dem Menschlichen erst einen Wert verleiht.

Ein anderer Hauptpunkt war die Stellung der Religion im Ganzen des Lebens. Die Entwicklung der Neuzeit zersprengte die Enge eines bloßreligiösen Lebenssystems und gab den anderen Gebieten eine Selbständigkeit. Im Besitze dieser haben sie die Religion immer weiter zurückgedrängt und ihr oft allen eignen Platz bestritten. Aber so sehr das Leben durch diese Wendung an Reichtum und an Bewegung gewann, es erschienen auch manche Verwicklungen, die einen Abschluß an dieser Stelle verbieten. Die Teilkulturen, in die damit das Leben sich zerlegt, wie die wissenschaftliche, die technische, die ökonomische usw., schlagen verschiedene Wege ein und ziehen den Menschen bald hierher, bald dorthin; überlegen werden kann er den Gegensätzen nur, wenn ein Aufstieg zu einer Gesamtkultur möglich wäre und der Mensch als Ganzes in sich eine Aufgabe trüge. Unsere Betrachtung des Geisteslebens zeigte, daß das in Wahrheit der Fall ist, aber sie zeigte zugleich, daß hier große Probleme entstehen, und daß es zu ihrer Lösung einer Umkehrung des ersten Standes und zugleich einer Wendung zur Religion bedarf. Ohne ihre Hilfe läßt sich ein Ganzes des Lebens nicht aufrechterhalten, und kann die Konzentration der Expansion nicht gewachsen werden.

So verbleibt die Religion ein wesentlicher Bestandteil des Lebens auch für den modernen Menschen, aber ihre Stellung ist allerdings gegen früher nicht unerheblich verändert. Sie steht jetzt innerhalb eines umfassenden Lebensganzen, sie hat eine hervorragende Aufgabe darin, diesem Ganzen eine belebende Seele zu geben, aber sie darf sich nicht losreißen, die übrigen Gebiete direkt beherrschen wollen oder aber sich in einen Sonderkreis einspinnen und für ihn eine besondere Heiligkeit fordern. Jenes geschieht mehr auf katholischer, dies auf kirchlich-protestantischer Seite. Jenem gegenüber sei bemerkt, daß die Religion allerdings einen Einfluß auf alle Lebensgebiete fordern darf, daß dieser aber ein indirekter bleiben, d. h. durch das Ganze des Lebens vermittelt werden muß, wenn er nicht zu einer drückenden Last und Hemmung werden soll. Schreibt die Religion die Ziele unweigerlich vor, bei der die anderen Lebensgebiete, vornehmlich die Wissenschaft, anlangen sollen, so muß man sehr gering von diesen denken, im besondern auch von der Wissenschaft, um das nicht als eine unwürdige Erniedrigung und als eine schwere Schädigung zu empfinden. Gewiß läßt die freie Entwicklung der einzelnen Lebensgebiete manche Verwicklung und Irrung erwarten, aber wenn es ein überlegenes Ganzes des Lebens gibt, so läßt sich von ihm aus dagegen kämpfen, und eine ernstliche Gefährdung der Religion könnte von solcher freien Bewegung nur befürchten, wer ihr keine Selbständigkeit und kein Urerlebnis zuerkennt. Hat sie in Wahrheit ein solches, wie wir uns davon überzeugten, so kann sie getrost in den Kampf gehn; im Grunde ist es ein Unglaube, der vor solchem Kampfe zurückscheut und ihm eine gefahrlose, d. h. nur scheinbar gefahrlose Ruhe vorzieht.

Nicht minder aber als eine Einmischung der Religion ist auch eine Absonderung zu bekämpfen. Eine solche Absonderung bringt einen zwiefachen Mißstand: für die Religion selbst die Gefahr, daß sie den Zusammenhang mit den belebenden Wurzeln verliere und darüber starr und formelhaft werde, für den Menschen die andere, daß er sich gegen alles abschließe, was außer dem engen Kreise liegt, und in der Verengung wohl gar ein besonderes Verdienst erblicke. Jede ausschließliche Gestaltung des Lebens von einem besonderen Gebiete aus läßt es unvermeidlich sinken und verkümmern und gefährdet schließlich seine Wahrheit; das gilt wie für die Kunst und die Wissenschaft so nicht minder für die Religion, sie steht sich dadurch nicht besser, daß sie sich in jener Absonderung für besser hält und den Namen Gottes im Munde führt.

So sahen wir, wie die weltgeschichtliche Lage eine andere Stellung der Religion in der Struktur des Lebens verlangt. Aber wenn sie nicht mehr in der früheren Art zu herrschen vermag, so wird sie damit nicht etwas

Beliebiges neben anderem, und wenn sie mehr nach außen zu kämpfen hat, so wird sie dadurch nicht unsicher bei sich selbst. Was immer aber hier an neuem erstrebt wird, das besagt keinen Bruch mit dem Christentum; das Problem, das hier in Frage steht, das Verhältnis der Religion zum Leben, ist alter und bleibender Art; innerhalb des Christentums selbst sind verschiedene Formen seiner Lösung versucht und stehen auch heute verschiedene Lösungen nebeneinander; so können auch weitere Versuche nicht von vornherein ein Herausfallen aus dem Ganzen dünken, und wir fordern für sie im eigenen Interesse des Christentums eine freie Bahn.

2. Das Christentum ist Geistesreligion, es verficht den allen höheren Religionen gemeinsamen Grundgedanken der Überlegenheit des Geisteslebens mit besonderer Kraft, es hat auch das ethische Handeln über alle Naturtriebe sicher hinausgehoben; wie sein Schöpfungsgedanke die Natur letzthin aus dem Geist entspringen läßt, so sieht es auch in ihrer Entfaltung vor allem die Bekundung geistiger Macht und Weisheit. Dagegen erhob nun die Neuzeit kräftigsten Einspruch. Die Natur gewann nicht nur eine größere Selbständigkeit und verlangte ihr eignes Recht, sie griff bald mit ihren Ansprüchen in das Geistesleben zurück, sie warf sich schließlich zur Hauptwelt auf und erklärte alles Geistige als einen bloßen Anhang, ja als ihr eignes Erzeugnis. Indem ihr alles Geistesleben als eine bloße Erscheinung am Menschen galt, diesem besonderen und begrenzten Wesen, wurde es ihr zu einem sträflichen Anthropomorphismus, vom Geist aus die

Welt zu deuten und sie seinen Zwecken zu unterwerfen. Mit solchen Wandlungen schwand aber alle Möglichkeit einer Religion.

Das war ein gefährlicher Angriff, aber gefährlicher noch als dieser Angriff auf die Geistigkeit überhaupt war ein Angriff auf die dem Christentum eigentümliche Fassung des Geisteslebens, gefährlicher weil er von innen her und im eignen Interesse des Geisteslebens erfolgte. Der modernen Kulturarbeit nämlich wird diese Fassung mit ihrem Voranstellen der seelischen Innerlichkeit und des Verhältnisses von Person zu Person viel zu eng und klein, sie scheint zu sehr dem menschlichen Glücksverlangen und überhaupt der menschlichen Art verwachsen, um sich davon ablösen und das All beherrschen zu können. Die moderne Denkart hält daher ein wahrhaftiges Geistesleben nur für erreichbar bei einer Erweiterung über jene menschlichpersönliche Fassung, bedeutende Höhepunkte ihres Strebens nehmen einen direkten Kampf gegen jene auf. So z. B. Spinoza, so auch Hegel. Namentlich das Denken scheint hier eine selbständige Art und eine überlegene Kraft gegenüber dem Menschen entwickeln zu können und sich als eine kosmische Größe zu erweisen. Es entstehen umfangreiche Gedankenkomplexe, zeigen einen eigentümlichen Gehalt und geben sich selbst eine Bewegungskraft; statt dem Menschen zu gehorchen, unterwerfen sie ihrerseits ihn und verwerten sein Vermögen für ihre Zwecke; so sprach und spricht man von weltgeschichtlichen Ideen, z. B. heute der sozialen Idee, die dem Streben des Ganzen seine Richtung weisen und die Individuen mit überlegener Kraft zusammenhalten. Die persönliche Färbung des Geisteslebens weicht dabei einer unpersönlichen, einer sachlichen, die Sache mit ihrer Notwendigkeit soll überall den Ausschlag geben, das Leben erst in der Unterordnung alles Persönlichen unter ihre Forderungen seine Höhe erreichen. Damit müssen nicht nur die Weltbegriffe, die vom Geistesleben her entworfen werden, sich ins Unpersönliche verschieben, auch der Begriff einer Persönlichkeit Gottes schärfsten Widerspruch finden, sondern es muß sich auch das Leben in seinem Grundbestande umgestalten und aus einem Tun vielmehr zu einem Vorgehen, einem Prozesse werden. Dem dabei unvermeidlichen Verlust an Wärme und seelischer Innigkeit scheint der Gewinn an Weite, Kraft und sachlicher Wahrheit weitaus die Wage zu halten. So steht die Sache auch heute, und es fragt sich, wie gegen alle jene Gegenbewegungen von außen her wie von innen heraus die menschlichpersönliche Gestaltung des Christentums sich rechtfertigen und behaupten kann.

Zunächst sei hier gesagt, daß von Anfang an das Hauptstreben des Christentums nicht dahin ging, den Menschen so wie er ist unbedingt glücklich zu machen, sondern daß es vor allem neues aus ihm machen wollte und erst dem erneuten Menschen ein echtes Glück — Frieden und Seligkeit — verhieß, es schätzt überhaupt den Menschen nicht als bloßen Menschen, sondern als Glied einer ethischen Ordnung. Das ethische Problem wird uns gleich zu beschäftigen haben, an dieser Stelle sei namentlich daran erinnert, daß das Christentum selbst viel Gegenwirkung gegen eine bloßethische Gestaltung des Lebens im gewöhnlichen Sinne enthält. Hätte es sich wohl vom Judentum mit solcher Entschiedenheit abzweigen können, wenn es nicht eine Wesenseinigung von Göttlichem und Menschlichem verkündet, damit allen Moralismus zurückgedrängt und einen Schritt ins Metaphysische vollzogen hätte. Von hier aus haben sich durch den ganzen Verlauf des Christentums zwei Strömungen nebeneinander erhalten, eine ethische und eine spekulative, sie erzeugen nicht nur verschiedene Gedankenwelten und verschiedene Gottesbegriffe, sondern auch eine verschiedene Art des Lebens: die ethische Art erstrebt eine Befreiung von aller Schuld und ein persönliches Verhältnis zu Gott, und es gilt ihr das von rechter Gesinnung getragene Handeln als die Höhe des Lebens, die spekulative dagegen will von der Vereinzelung und dem Wechsel und Wandel des nächsten Daseins zur ewigen Einheit flüchten und in der Wesenseinigung mit dem Quell aller Wirklichkeit unaussprechliche Seligkeit und weltüberlegene Ruhe finden, hier gipfelt das Leben nicht im ethischen Handeln, sondern in der mystischen Kontemplation mit ihrer „Vergottung" des Menschen. Dort ist Gott die heilige und gütige Persönlichkeit, hier dagegen das absolute, aller menschlichen Gedankenarbeit unzugängliche Sein, das auch der Begriff der Persönlichkeit nicht zu fassen vermag. Jene ethische Gestaltung überwiegt im kirchlichen Leben, die spekulative hat ihre Verkörperung in der Mystik gefunden, aber sie wirkt als beseelender Hintergrund weit über die besondere Fassung hinaus in das Ganze des christlichen Lebens. Im besonderen haben der griechische wie der römische Katholizismus beide Formen miteinander festgehalten und aufeinander wirken lassen; daß der kirchliche Protestantismus die Mystik fallen ließ, das kann uns nicht als ein Vorzug gelten. Aber so sehr jene Zweiheit der Weite des Lebens gedient hat, sie kann nach Weckung des geschichtlichen Bewußtseins und nach Schärfung des Blicks für das Charakteristische der Lebensgestaltungen unmöglich in der überkommenen Art bestehen bleiben mit ihrer Doppelheit des Gottesbegriffes, ihrer zwiefachen Art des Lebens, ihrem Nebeneinanderbelassen einer persönlichen und einer unpersönlichen Lebensführung. So entspricht das Streben nach Überwindung dieser Zweiheit einer Aufgabe, die dem Christentum selbst innewohnt; ein solches Streben aber wird möglich vom Begriff des Geisteslebens aus, wie er sich uns in Zusammenfassung alles dessen ergab, was das menschliche Dasein an unterscheidenden Zügen besitzt.

Das menschliche Leben und Streben zerfällt keineswegs endgültig in den Gegensatz einer warmen, aber engen und dumpfen, persönlichen und einer weiten, aber kalten und seelenlosen, unpersönlichen Art; unsere Betrachtung ließ ersehen, wie alles geistige Schaffen eine Überwindung jenes Gegensatzes enthält, wie es jenes Sachliche nicht draußen beläßt, sondern es in sich hineinzieht und dadurch beseelt, wie es aber zugleich auch die subjektive Seite weiterbildet und mit dem andern zusammen zu einem neuen Leben verbindet; der Zug geht hier unter Erhöhung der beiden Seiten über die Spaltung hinaus wieder zur Einheit, aber zu einer anderen, die nicht im Gegensatze stehen bleibt, sondern ihn umspannt und zusammenhält. So ist über den Streit menschpersönlicher und unpersönlicher Gestaltung hinaus nach einer geistpersönlichen zu streben, die einen geistigen Charakter entfalte, die ethische und die spekulative Bewegung miteinander zu verständigen suche, dem Auseinanderfallen des Menschenlebens in gehaltlose Subjektivität und seelenlose Arbeit entgegenwirke, wie es unsere Zeit zerspaltet; wir sehen diese hier nach demselben Ziele drängen, das auch dem Christentum vorschwebt, nach einer umfassenden und überlegenen Lebenseinheit. Daß wir aber für diese Einheit irgendwie die Bezeichnung persönlich festhalten möchten, das geschieht nicht dem bloßen Wort zuliebe, auf das sich ja unschwer verzichten ließe, sondern wegen dessen, was hinter dem Worte steht. Denker wie Leibniz und Kant, die niemand eines krassen Anthropomorphismus beschuldigen wird, haben es zur Bekundung der Überlegenheit des Geisteslebens verwandt; woran uns dabei liegt, ist dieses, daß das Geistige als Aktivität und das Göttliche als selbsttätiges Leben verstanden und anerkannt werde, nicht als ein dunkles, traumhaftes, gebundenes Geschehen nach Art der Romantik, und daß die freie Tat vor dem bloßen Prozesse stehe; alles dieses gerät aber in Gefahr oder verdunkelt sich zum mindesten, wenn der letzte Weltgrund als unpersönlich bezeichnet und behandelt wird. Hüten wir uns, weil die aus dem Menschenleben geschöpften Begriffe nicht voll genügen, in das Untermenschliche zurückzusinken, wie das oft genug geschehen ist und gerade heute vielfach geschieht.

Freilich trägt das Verlangen nach einer neuen und überlegenen Einheit in sich große und schwere Forderungen für die Gestaltung unseres Lebens, die Religion im besonderen muß dabei erhebliche Veränderungen erfahren. Sie muß weiter zurücktreten hinter den unmittelbaren Seelenstand und ihn zum Ausdruck einer größeren geistigen Tiefe machen, sie muß statt der subjektiven Erregung mehr geistige Substanz entwickeln, sie wird auch bei den Begriffen eine viel größere Zurückhaltung üben und den symbolischen Charakter alles dessen, was der Mensch von der Gottheit aussagt, stärker betonen müssen. Aber die Geschichte zeigt deutlich genug, daß mit dem klaren Bewußtsein einer Unzulänglichkeit aller menschlichen Begriffe sich kraftvolles religiöses Leben aufs allerbeste verträgt. Plotin hat wohl zuerst mit voller Deutlichkeit ausgesprochen, daß alle menschliche Aussage vom höchsten Wesen ein bloßes Gleichnis sei, aber kaum hat ein anderer großer Denker auch auf dem Boden des Christentums so wahr und kräftig wie er das Grunderlebnis der Religion empfunden.

Im Geistesleben erkannten wir aber eine neue Stufe der Wirklichkeit, in der das Ganze des Alls seine Tiefe dem Menschen erschließt und ihn zur Mitarbeit aufruft; ist es in ihm erweckt und zu eigner Tat geworden, so weiß er sich im Besitz einer Welt, und so findet er in der Aufrechterhaltung des Geisteslebens an dieser Stelle, in der Erringung einer Seele seines Lebens eine Aufgabe, die aller subjektiven Erregung und allem selbstischen Glücksverlangen himmelweit überlegen ist.

Eröffnet sich uns aber so von innen her eine Welt und gewinnt damit unser Leben einen Weltcharakter, so können wir auch dem Vordringen der Natur und ihrer Bewältigung der Geistigkeit erfolgreichen Widerstand leisten. Können wir nunmehr ja der Welt, die von außen auf uns eindringt, diese neue Welt entgegensetzen. Zugleich freilich ist der Natur weit mehr Bedeutung zuzuerkennen. Daß sie in der Neuzeit eine größere Selbständigkeit erlangte und ihr Vermögen in unermeßlicher Leistung bekundete, das gibt ihr das Recht, auch in unserem Leben eine größere Rolle zu spielen, das verhindert auch, ihr großes Reich dem Geistesleben so eng anzuschmiegen und so direkt zu unterwerfen wie es das alte Christentum tat.

Das kommt besonders bei der Frage der sinnlichen Wunder zum Ausdruck. Gewiß greift die Leugnung der sinnlichen Wunder tief in den Bestand des geschichtlichen Christentums ein, aber das kann in keiner Weise leugnen lassen, was notwendig ist. Es treffen hier verschiedene Gedankenreihen zusammen und verstärken sich gegenseitig. Daß wir heute über die Gleichförmigkeit des Naturgeschehens etwas weniger zuversichtlich denken als bis vor kurzem, das vermindert nicht die Bedenken gegen eine derartige Durchbrechung des Naturlaufs, wie das Wunder sie verkündet. Zum mindesten aber müßte ein solches Wunder, das sich dem ganzen Weltgefüge entgegenstellt, unbedingt sicher beglaubigt und allem Zweifel enthoben sein; wir wissen aber heute, wie mißlich es damit steht, und wir kennen andererseits genauer das Walten der religiösen Phantasie, welche leicht alle Erfahrung überfliegt und auch für kühne Gebilde bei der Umgebung willigen Glauben findet.

Woran der Religion liegt und liegen muß, ist etwas anderes, ist, von der Natur aus angesehen, ein inneres Wunder, ist das Erscheinen einer neuen Art des Lebens, einer neuen Stufe der Wirklichkeit, ist das Selbständigwerden des Geisteslebens; diese Selbständigkeit war aber der leitende Gedanke und das Hauptergebnis unserer ganzen Untersuchung, so können wir an dieser Stelle uns einfach darauf berufen. Ist solche Selbständigkeit durch ihren eignen Gehalt und ihre eigne Kraft erwiesen, so kann die Tatsache, daß dies Leben sich beim Menschen stets unter Naturbedingungen entwickelt, daß überhaupt der Mensch der Natur aufs engste verwachsen ist, keinen prinzipiellen Zweifel erregen. Es sei denn, man verfiele dem Fehler, der heute überaus oft begangen wird, die Bedingungen eines Geschehens und seinen schaffenden Grund in Eins zusammenzuwerfen. Aber die Gewohnheit besagt hier nichts; einen Fehler wiederholen heißt nicht ihn zur Wahrheit erheben.

Ist aber mit der unvergleichlichen Eigentümlichkeit auch die Selbständigkeit des Geisteslebens außer Zweifel gestellt, so entsteht nun allerdings die schwere Frage des Verhältnisses von Natur und Geist. Hier gibt es nur zwei Möglichkeiten, nicht drei, wie unklare Vermittlungslust meint. Entweder gilt die Natur als der Grundstock aller Wirklichkeit, dann wird das Geistige eine bloße Begleiterscheinung oder ein Nebenergebnis, oder aber das Geistige bildet den Kern, dann wird die Natur ein bloßer Durchblick oder eine Stufe seiner Entwicklung. Das dritte nämlich, die völlige Gleichsetzung oder der völlige Parallelismus, wie es oft mit einem schiefen Bilde heißt, ist schlechterdings unmöglich, es ist ebenso unmöglich als einem Körper zwei Schwerpunkte zu verleihen; in Wahrheit ist weder in der Vergangenheit noch in der Gegenwart die Herstellung einer völligen Gleichheit irgendwo gelungen, man könnte einen Preis darauf setzen, etwas derartiges zu entdecken, und würde ihn schwerlich zu vergeben brauchen. Denn immer wird das eine die Hauptsache bleiben und das andere von sich aus deuten. Auch was sich heute Monismus nennt, bringt keineswegs eine Ausgleichung des Gegensatzes, sondern es steht ganz auf der Seite der Natur, es glaubt, die Naturbegriffe dahin erweitern zu können, daß sie auch das Geistesleben umspannen, und es sieht nicht, daß alles, was an ihm eigentümlich und wertvoll ist, darüber verloren geht, es sieht das vornehmlich deshalb nicht, weil es das seelische Leben nur als eine Summe von Erscheinungen an den Individuen versteht und die großen Zusammenhänge außer acht läßt, die es im weltgeschichtlichen Leben erzeugt und neue Größen und Güter hervorbringen läßt.

Indem unsere Untersuchung zeigte, daß in der Wendung zur Geistigkeit das Leben einen Fortgang von einem Reiche bloßer Beziehungen zu einem Beisichselbstsein vollzieht, ward ihr damit das Geistige zum Kern der Wirklichkeit; so wird sie bei ihm Stellung nehmen und die letzte Deutung nicht in der Richtung von der Natur zum Geist, sondern in der vom Geist zur Natur versuchen. Daß das Geistige bei uns später eintritt und sich hier wie ein Schlußkapitel ausnimmt, das ändert daran nicht das mindeste, denn es kommt nicht auf die äußere Stellung, sondern darauf an, ob dies scheinbare Schlußkapitel nur eine Fortsetzung des Früheren bildet, oder ob es etwas Neues bringt; ist dieses der Fall, und das ist es, wie wir sahen, dann wird der Schluß zu einem neuen Anfang, dann ist die Selbständigkeit und Ursprünglichkeit des Geisteslebens nicht im mindesten bedroht, dann bedeutet die Entwicklungsidee nicht mehr dieses, daß alles Spätere auf die Kräfte des Anfangs angewiesen bleibt, sondern dann kann sich in der Bewegung eine innere Erhöhung vollziehen. Damit aber wird möglich, daß etwas, das später hervortritt, von Haus aus als leitende Macht die Bewegung beherrscht. Schließlich kommt alles auf die einfache Frage hinaus, ob sich in der Eröffnung des Geisteslebens ein neues Urerlebnis vollzieht oder nicht; ist jenes der Fall, so können die vielen Rätsel, die im Verhältnis von Natur und Geistesleben verbleiben, die Grundüberzeugung nicht erschüttern; ist es nicht der Fall, so wird es Torheit, noch von Größe und Würde des Menschen zu reden und ihm neue Aufgaben zuzumuten.

Mit großer Entschiedenheit müssen wir aber darauf bestehen, daß die Überordnung des Geistes keineswegs eine Geringschätzung der Natur, sei es in der Weltanschauung, sei es in der Lebensarbeit, mit sich zu bringen braucht. Nur einer Vermengung des Geistes mit der Natur, welche die Begriffe zusammenwirft und bloße Naturtriebe glaubt mühelos in geistige Größen verwandeln zu können, ist als eine Herabsetzung der Lebensenergie entschieden zu widerstehen. Zu ihrer vollen Entwicklung bedarf es zunächst einer deutlichen Scheidung, damit jede der Stufen ihre reine Ausprägung finde; nach Sicherung der Überlegenheit des Geistes aber gilt es eine Rückkehr zur Natur. Denn der Mensch kann ohne sie nicht die eigne Vollendung finden, ohne ihre Aneignung nicht die nötige Lebenskraft entwickeln. Wie das, was zunächst bloß sinnlich scheint, auf den Boden der Seele versetzt, zur Förderung des Geistes und zur Veredlung des Lebens wirken kann, das zeigt unwidersprechlich die Kunst mit der Fülle ihres Schaffens. Wenn sie uns nach dem Worte Goethes von der ewigen Harmonie des Daseins die seligste Versicherung gibt, so stärkt sie zugleich die Überzeugung, daß trotz aller Verwicklungen des Daseins Geist und Natur im letzten Grunde nicht auseinanderfallen, sondern einen einzigen Kosmos bilden und das unter der Herrschaft des Geistes. Einer solchen Herrschaft des Geistes aber muß eine Religion des Geistes entsprechen.

3. An kaum einem Punkte stößt die moderne Denkart mit dem überkommenen Christentum so hart zusammen wie bei dem Problem der Erlösung. Das die Neuzeit durchdringende Kraftgefühl kann diesen Gedanken kaum ertragen. Warum sollen wir, die der engere Zusammenschluß zur Arbeitsgemeinschaft so viel kräftiger und leistungsfähiger macht, und die wir uns in einem Aufstieg zu immer neuen Höhen befinden, am eignen Vermögen verzweifeln und nach fremder Hilfe rufen, warum sollen wir statt aufrecht zu stehen uns beugen und als Gnadengeschenk erflehen was eigner männlicher Mut uns zu bereiten vermag? Diese Wandlung der Stimmung bringt den weiten Abstand einer greisenhaft matten und einer jugendfrisch aufstrebenden Zeit zu deutlichem Ausdruck, es fragt sich nur, ob die Sache damit erledigt ist, und ob nicht allem Wandel der Zeit ein Problem überlegen bleibt, das seine nähere Fassung verändern, nicht aber dauernd verschwinden kann.

Gewiß trägt vieles an der älteren Fassung des Erlösungsgedankens die Farbe jener müden und matten Zeit, die der moderne Mensch, ohne unwahr gegen sich selbst zu werden, sich nicht anzueignen vermag. Zunächst freilich sei nicht vergessen, daß auch die ältere Art schroffere und mildere Formen umfaßt. Wenn die schroffe Form den Menschen für gänzlich verkommen und verworfen erklärt und ihm die erlösende Wendung ohne all sein Zutun lediglich durch übernatürliche Gnade zugehen läßt, so ist kaum noch von ein und demselben Wesen zu sprechen; es verliert dann das Leben allen inneren Zusammenhang und zerfällt in getrennte Stücke. Auch mag dann leicht die entscheidende Wendung mehr als ein Wegnehmen eines auf dem Menschen lastenden Druckes, als Verzeihung und Versöhnung, denn als eine Erneuerung und Erhöhung des Lebens erscheinen. Das mag Beruhigung bringen, aber Beruhigung ist nicht Kraft, und ohne Kraft kommt das Leben nicht vorwärts.

Aber was darin an Mißständen liegt, das hat die Wirklichkeit des Lebens meist sehr gemildert, sie hat immer wieder einen Platz für ein eignes Wirken des Menschen gefunden, ja eben das Bewußtsein, aller eignen Schwäche und Unsicherheit enthoben, ganz und gar durch göttliche Macht getragen und gelenkt zu sein, hat nach dem Zeugnis der Geschichte oft höchste Lebenskraft ausgelöst. Namentlich die reformierte Kirche mit ihrer Prädestinationslehre zeigt, daß in den Begriffen ein Widerspruch bleiben kann, während das Leben den Widerspruch überwindet.

Aber es ist nicht zu leugnen: die überkommene Fassung des Erlösungsgedankens enthält eine zu passive und leicht auch zu anthropomorphe Art der Religion, sie beläßt Göttliches und Menschliches zu sehr im Gegensatz, ihr überwiegt leicht das Nein das Ja, auch enthält sie die Gefahr, wenn mit voller Wahrheit durchlebt, den Mut des Lebens zu brechen, wenn aber minder schwer genommen und gar formelhaft nachgesprochen, eine innere Unwahrheit zu erzeugen. Oder ist es z. B. nicht eine Erziehung zur Unwahrhaftigkeit, wenn pietistische Denkweise im Kinde ein Sündenbewußtsein erwecken möchte? Oder auch wenn sie von einer aufstrebenden Zeit das Bekenntnis einer völligen Nichtigkeit und Nichtswürdigkeit des Menschen fordert? Der Grundfehler ist dabei, daß Überzeugungen und Empfindungen, welche eigne Erfahrung fordern und am Ende der Lebensarbeit stehen, von vornherein dem Leben aufgedrängt werden, daß man dem Menschen seine Grenzen und sein Unvermögen eindringlich vorhält, bevor noch Kraft und Mut des Lebens in ihm erweckt ward.

Aber es fragt sich, ob trotz aller solcher Gefahren im Erlösungsgedanken nicht doch eine notwendige Wahrheit verbleibe. Wir meinen die Wahrheit, daß alle echtgeistige Betätigung nicht ein Werk des bloßen Punktes bildet, und daß, je mehr das Leben des Einzelnen wie der Menschheit die Verwicklungen des geistigen Lebens teilt, je mehr es sich ihnen zu einem Kampf um Erringung einer Seele gestaltet, sich in ihm um so mehr die lebendige Gegenwart einer höheren Macht, das Getragen- und Gelenktwerden von dieser Macht erweist, und zwar nicht bloß durch eindringendere Selbstbesinnung, sondern in Erschütterung des bisherigen Wesens und in Gehobenwerden zu neuer Höhe. Gerade wenn das Göttliche dem Menschen nicht wie etwas Fremdes eingegossen, sondern als Erweckung eigensten Wesens verstanden wird, verbleibt ein weiter Abstand, ja ein schroffer Kontrast zur bloßmenschlichen Art, ihrem Vermögen und ihren Zielen.

Eine solche Überzeugung, für die unsere ganze Untersuchung eintrat, wird durch die Erfahrungen der Neuzeit in keiner Weise erschüttert, eher bestätigt und weiter bekräftigt. Allerdings hat die Neuzeit in weitem Umfange Kraft entwickelt und Leistungen erzeugt aus dem eignen Vermögen der Menschheit und in bewußter Ablehnung aller Zusammenhänge, es war insofern das moderne Leben ein neuer Titanenkampf, ein Sichaufwerfen der Menschheit zur Gottheit. Aber eine nähere Prüfung ließ ersehen, daß all dies Vermögen nach einer besonderen Richtung geht und in sich eine innere Begrenzung trägt, daß es mit Überschreitung dieser Grenze ins Unrecht gerät, ja daß es das Leben in ein arges Sinken bringt, wenn es das Letzte und Ganze sein will. Wohl schlossen sich neuerdings die Menschen in der Arbeit enger zusammen, aber diese Verbindung ergab keineswegs einen Einklang der Seelen und eine gemeinsame Gedankenwelt, äußerlich immer zwingender aufeinander angewiesen fallen die Menschen innerlich weiter und weiter auseinander; die Bedingungen und Umstände des Lebens erfuhren einen unermeßlichen Zuwachs, aber bei aller Steigerung von Reichtum, Beweglichkeit und Genuß fand das Leben keinen selbständigen Gehalt und keine Freude im eignen Sein, der Kontrast des äußeren Reichtums mit der inneren Armut ließ die Leere um so schwerer empfinden, erzeugte ein wachsendes Unbehagen.

Unaufhaltsam stieg die Lebensflut, und immer rascher ward das Tempo der Bewegung. Aber findet sich gar kein Gegengewicht gegen die Bewegung, und verwandelt kein überlegenes Wirken das bloße Nacheinander in eine zeitumspannende Gegenwart, entbehrt das Leben alles Beisichselbstseins, so verliert es allen inneren Zusammenhang, so hangen wir am bloßen Augenblick, schöpfen aus dem bloßen Augenblick, vergehen mit dem bloßen Augenblick. Alles miteinander zerstört unaufhaltsam den geistigen Charakter des Lebens und zwingt uns inmitten aller Erfolge einen Kampf um eine Erhaltung der Seele auf, es erzeugt zugleich ein wachsendes Verlangen nach einem der bloßen Arbeit und dem Strom der Zeiten überlegenen Leben aus der Innerlichkeit und der Ewigkeit. Wo aber ein solches Verlangen erstarkt, da wird die Menschheit an ihrer Göttlichkeit irre, da treibt die Kraft eines in ihr wirksamen Lebens sie über jene Begrenzung hinaus und läßt sie tiefere Quellen des Lebens suchen. Es zeigt sich, daß die Menschheit zu klein wird, wenn sie sich selbst genügen will. Damit aber steigen die Probleme von neuem wieder auf, die dem Erlösungsgedanken zugrunde liegen.

4. Die Zeit liegt hinter uns, wo alle Bestreitung des Christentums an der Tatsache der christlichen Moral wie an einem unerschütterlichen Felsen scheiterte, wir sahen die Neuzeit sowohl gegen die eigentümliche Fassung als gegen die herrschende Stellung, welche die Moral im Christentum erhält, härteste Angriffe richten. — Was zunächst die getadelte Weichheit und Milde der

christlichen Moral anbelangt, so ist gewiß nicht zu bezweifeln, daß diese unmöglich den ganzen ethischen Bedarf des Lebens bestreiten kann, auf dem eignen Boden des Christentums hat sie daher allezeit eine Ergänzung gefunden; unmöglich ließ sich sonst eine staatliche Ordnung aufrechterhalten, unmöglich sonst den zerstörenden Mächten Widerstand entgegensetzen. Aber daß die spezifisch christliche Moral nicht alles sein kann, das erweist sie nicht als minderwertig und entbehrlich, ja das widerlegt nicht ihren Anspruch das Leben zu führen. Es handelt sich da, wo überhaupt eine ethische Wertung gegenüber dem bloßen Naturprozeß verbleibt, vornehmlich um den Gegensatz der Gerechtigkeit und der Liebe; die Gerechtigkeit ist nicht zu entbehren; daß sie aber nicht den letzten Abschluß bilden darf, das zeigt eben ihre höchste Entfaltung im klassischen Altertum. Denn ihr Grundgedanke, die Behandlung und Stellung der Menschen ihrer Leistung entsprechen zu lassen, ist recht eigentlich die Lebensweisheit des Starken und Glücklichen, über den Schwächeren geht hier gleichgültig das Rad des Schicksals hinweg, eine unbemessene Liebe, ein Heben und Pflegen des Zarten und Kleinen, eine „Ehrfurcht vor dem was unter uns liegt" (Goethe) findet hier keinen Platz; wir sind hier bloße Glieder eines geschlossenen Systems, und unsere Leistung wird hier unser Schicksal, an dem nichts zu ändern ist. Ganz andere Lebenswogen steigen im Christentum auf. Ihm vorwerfen, daß es Schwäche und Kleinheit als solche verherrlicht habe, kann nur entweder grobes Mißverständnis oder sträfliche Flachheit. Denn in Wahrheit hat es zur Geltung gebracht, daß was die äußere Erscheinung als klein und schwach darstellt, ganz wohl eine innere Größe besitzen kann, es hat eine Größe im Kleinen entdeckt und dadurch alle Maße des Lebens verändert. Und es hat zugleich allen starren Unterschied zwischen groß und klein aufgehoben. Denn indem es den Menschen nicht mehr wie das Altertum am Menschen, d. h. also Endliches an Endlichem, sondern an der Unendlichkeit und Vollkommenheit göttlichen Lebens maß, traten alle Unterschiede zurück vor der gemeinsamen Erfahrung der Unzulänglichkeit aller menschlichen Leistung; mochten jene Unterschiede dem menschlichen Augenmaß noch so groß erscheinen, der Unendlichkeit gegenüber rückten sie eng zusammen. Nur wenn alle menschliche Irrung und Schuld das Fortwirken eines göttlichen Lebens in der Seele nicht hindern konnte, vermochte sich eine unbemessene, eine nach menschlichen Begriffen unbegründete Liebe zu allem Menschenwesen zu entwickeln und ein mächtiger Antrieb zu innerer Erhöhung des Lebens zu werden.

Unter erschütternden Umwälzungen und durch Leid und Tod mancher Edlen hindurch sind solche Lebensmächte durchgebrochen, nun kommen die flachen Geister, die Helden der Verneinung, erheben ein großes Geschrei und erklären die Tiefen für nicht vorhanden, zu denen sie selbst keinen Zugang finden, sie ahnen nicht einmal wie Großes hier für die Menschheit auf dem Spiele steht, ein wie schwerer Verlust, ein wie furchtbarer Rückschritt ihr beim Umsichgreifen der Verneinung droht. Wir kommen nicht aus ohne Gerechtigkeit, aber wir kommen nun und nimmer aus mit der bloßen Gerechtigkeit.

Daß auf geschichtlichem Boden die Weichheit und Milde sich oft an unrechter Stelle gezeigt hat, sei bereitwillig zugegeben, aber das besagt nichts gegen das Prinzip; daß das Ganze des Lebens auch die Gerechtigkeit anerkennen und Gerechtigkeit mit Liebe in das rechte Verhältnis bringen müsse, darauf bestehen auch wir; aber beim Üben der Gerechtigkeit darf uns nie verdunkelt werden, daß alle Gerechtigkeit in der Hand der Menschen nur einen besonderen Lebensdurchblick und zwar einen recht problematischen gewährt, und daß das menschliche Leben unvermeidlich starr und seelenlos wird, wenn es nicht letzthin eine Berufung von der Gerechtigkeit an die Liebe gibt. Das erweist nicht nur die allgemeine Betrachtung, sondern das fordert auch die Neuzeit und Gegenwart. Denn sie empfindet die Unfertigkeit des menschlichen Seins, das Walten großer Widersprüche in unserem Streben, das Zusammentreffen eines Unendlichkeitsverlangens mit der Begrenztheit alles unseres Vermögens in besonderer Stärke, nur im Widerspruch mit sich selbst könnte sie die antike Geschlossenheit des Lebens und das ihr entsprechende Gerechtigkeitsideal annehmen und die Liebe aus der Leitung der menschlichen Geschicke vertreiben. Nach der Richtung der Liebe weist auch das moderne Streben nach Humanität, dem wir so viel Gutes verdanken. Es kann sich schwerlich einer Veräußerlichung, einer Zersplitterung, einer Verweichlichung erwehren, wenn es den Zusammenhang mit den Tiefen des Lebens aufgibt, die das Christentum eröffnet hat.

Es reicht aber das Problem der Gerechtigkeit und der Liebe über die Gesinnung der Menschen hinaus in die Substanz von Leben und Arbeit. Wir sahen bei aller geistigen Betätigung die Sache eine Selbständigkeit gegen die Meinungen, Stimmungen, Zwecke des Subjekts gewinnen, sie hat hier ein Recht zu verfechten und muß streng auf ihm bestehen, sie darf keinen Abzug davon zugunsten menschlicher Willkür und Schwäche dulden. Nur auf solchem Boden kann Kultur erwachsen und sich ein geistiger Besitz der Menschheit bilden. Insofern ist auch hier Gerechtigkeit die Voraussetzung alles Gelingens; erst in Anerkennung des Rechts der Sache findet der Mensch einen inneren Halt und gewinnt sein Handeln eine sichere Richtung.

Aber wir sahen, wie diese Scheidung und Entgegensetzung von Mensch und Sache, diese Stufe der Gerechtigkeit, vom geistigen Schaffen überholt und überwunden wurde, und wie dabei die Sache Aufnahme in das Leben fand, das sich selbst damit weitergestaltet, wie hier Seele und Sache in fruchtbare Wechselwirkung und gegenseitige Steigerung traten. Damit erhob sich das Leben zu einer Stufe, die wir die der Liebe nennen dürfen, denn hier wird alle Fremdheit vertrieben und mit innerer Einheit und Festigkeit zugleich Freiheit und Freude gewonnen. Nur dieser Stufe der Liebe wird es möglich, allen Egoismus auszurotten und zugleich einen positiven Lebensaffekt, eine Bejahung des Lebens zu erzeugen, wie denn in Wahrheit eine gründliche Überwindung des Egoismus weder durch Räsonnement noch durch Resignation erfolgen kann, sondern lediglich und allein durch die Schöpfung eines neuen Lebens. So enthält die christliche Idee der Liebe auch ein Kulturideal, wenn auch mehr angedeutet als ausgeführt, und es vertritt die hier geforderte Steigerung des Lebens einen völlig anderen, ungleich kräftigeren und fruchtbareren Lebenstypus als die in ihrer Art bewunderungswürdige ostasiatische Lebensweisheit mit ihrer Herabstimmung des Lebens zu ruhiger Kontemplation und einem Verschwimmen in das ewige Sein. Freilich muß dann die Liebe an erster Stelle eine schaffende, nicht bloß duldende, sein.

Es ging aber ein starker Zug der Neuzeit nicht nur gegen die besondere christliche Fassung der Moral, sondern auch gegen die führende Stellung der Moral überhaupt, ja gegen alle Zuerkennung einer selbständigen Bedeutung. Die Moral erschien weithin als ein bloßes Mittel für fremde Zwecke oder auch als eine bloße Begleiterscheinung eines andersartigen Geschehens. Jenes geschah, wo die Natur alle Weltbegriffe und das Ganze des Lebens beherrschte, indem was bisher Moral hieß, nur der natürlichen Selbsterhaltung dienen sollte, dieses geschah bei den Überzeugungen und Lehren, welche die ganze Wirklichkeit in einen aus innerer Notwendigkeit unablässig fortschreitenden Gedankenprozeß verwandelten, indem hier die Moral nichts anderes war als die Hingebung des Einzelnen an diesen überlegenen Prozeß. Hier wie da kam es nicht zum Aufbau einer ethisch-persönlichen Welt, hier wie da verdrängte die bloße Kraftentfaltung die Tat. Solcher vereinter Ansturm ist für das Christentum um so gefährlicher, als ohne Zweifel die von seiner überlieferten Form vertretene Moral keineswegs frei von Schwächen ist. Sie würdigt zu wenig das Naturelement in unserem Leben, die weite Ausdehnung des Mechanismus, überhaupt den Widerstand gegen die Freiheit, sie bürdet die Schuld zu sehr den einzelnen Seelen auf. Ferner ist sie zu wenig darauf bedacht, der inneren Regung Kraft zu geben und die moralische Bewegung über die Gesinnung des Einzelnen hinaus in die Substanz des Lebens einzuführen; damit hängt wieder eng zusammen, daß die Moral zu sehr als ein besonderes Gebiet erscheint, das andere Gebiete, wie Kunst und Wissenschaft, gar nicht berührt, da doch in Wahrheit das moralische Problem durch das ganze Leben geht und allen Gebieten eine notwendige Höhe vorhält. So ist es eine nicht ungefährliche Irrung, die Bildung eines guten Charakters direkt zum höchsten Ziel des Lebens und Handelns zu machen, da dies vielmehr im Werden einer geistigen Energie zu suchen ist; aber ein solches Werden trägt in sich selbst als Hauptbedingung den moralischen Aufstieg. Überall hier haben wir den überkommenen Stand der christlichen Moral nicht als fertig und abgeschlossen, sondern als noch mitten im Fluß zu betrachten.

Wir dürfen das aber mit gutem Rechte tun, weil die Grundwahrheit der Moral, wie sie eben im Christentum durchbricht und zur weltgeschichtlichen Macht gelangt, allem Streit über die Ausführung und allem Wandel der Zeiten sicher überlegen ist; sie konnte nur da bestritten werden, wo man irrige Fassungen ihr unterschob und die Bedingungen echter Moral verkannte. — Die Moral verlangt eine Befreiung vom kleinen Ich, das dünkt eine wunderliche Utopie, solange unser Dasein ein bloßes Nebeneinander einander widerstreitender Elemente bildet; es ist keine Utopie, sobald ein Leben aus dem Ganzen und die Möglichkeit einer Versetzung des

Menschen dahin anerkannt wird. Die Moral verlangt ein selbständiges Entscheiden, eine Begründung des Lebens auf eigne Tat. Das ist ein Unding, solange wir Menschen bloße Stücke einer einzigen, gegebenen und geschlossenen Welt sind, es wird vollauf verständlich, sobald wir erkennen, daß verschiedene Weltstufen bei uns zusammentreffen und unsere Entscheidung verlangen, daß damit in unser Leben große Möglichkeiten, Aufforderungen, Aufstiege kommen, wie unsere Betrachtung das näher aufwies. Daß die Moral ihr Ziel über alle anderen Ziele hinaushob und ihre Werte für allen andern unvergleichlich überlegen hielt, das ist so lange eine kecke Anmaßung, als ihre Aufgaben mit den übrigen in der gleichen Ebene zu liegen scheinen, es zeigt sich als vollberechtigt, ja unerläßlich, sobald die Überzeugung durchdringt, daß hier eine Erhöhung des Gesamtstands des Lebens in Frage steht.

Die Begriffe von der Moral müssen die gebührende Größe erlangen, es ist namentlich stets im Auge zu halten, daß es sich hier nicht um einzelne Entschlüsse handelt, die auf dem bloßen Augenblick stehen, sondern um Entscheidungen über die Gesamtrichtung des Lebens, um Entscheidungen, die unser ganzes Sein durchdringen und gestalten, um Entscheidungen, die immer neu zu vollziehen und gegen herabziehende Mächte zu behaupten sind. Schließlich kommt die Frage darauf hinaus, ob das Leben nur an uns vorgeht, oder ob wir es in eignes Tun verwandeln können; dort bleibt es uns bei aller äußeren Nähe dunkel und innerlich fremd, nur hier kann es in vollem Sinne unser eignes Leben werden und zugleich eine innere Durchleuchtung erhalten; dort fehlt bei aller Geschäftigkeit und Buntheit ihm Inhalt und Seele, während sie hier ihm unmittelbar innewohnen. So gelangt der Grundgedanke eines Beisichselbstseins des Lebens, woran schließlich alle Geistigkeit hängt, nur mit der Moral zur Verwirklichung, und zugleich gibt es nur mit ihr eine Verwandlung des Lebens in Freiheit.

Darum ist es etwas Großes, daß das Christentum diese Größe und die Überlegenheit der Moral mit solcher Energie im weltgeschichtlichen Leben zur Anerkennung gebracht hat, wie es das tat und tut. Wie keine der Religionen hat es die Moral zur allesbeherrschenden Weltmacht erhoben, hat es ihre Probleme zum Mittelpunkt des Weltgeschehens gemacht, hat es ihnen zugleich einen unermeßlichen Ernst gegeben, hat es letzte Tiefen der Wirklichkeit, wenn nicht sehen, so doch ahnen lassen. Es hat Himmel und Erde in Bewegung gesetzt, um dem Menschen eine Seele zu retten, es hat der Lebensarbeit jedes Einzelnen, mag sie äußerlich noch so unscheinbar sein, einen ins Unendliche und Ewige reichenden Sinn und Wert verliehen. Wie das Christentum damit bei seinem Beginn der Menschheit wieder ein großes Ziel und zugleich Mut wie Kraft des Lebens gab, so hat aus dieser ursprünglichen Quelle auch die philosophische Moral der Neuzeit unablässig geschöpft, ohne die Belebung und Erwärmung von daher wäre ihre Pflichtidee formelhaft und machtlos geblieben. Was aber die Gegenwart anbelangt, so bedarf sie für ihre Verwicklungen und Probleme aufs dringendste starker moralischer Kraft, damit sie sich zur Höhe geistigen Schaffens erhebe, niedrige Selbstsucht überwinde, sich des drohenden Epikureismus erwehre, dem Leben ein Beisichselbstsein gebe. Kann es nun wohl eine größere Verkehrtheit geben, als in einer so problemvollen Zeit die Moral nach Kräften herabzusetzen und mit ihr die Weltmacht, worin sie wurzelt, das Christentum?

5. Das Problem unserer Stellung zum Christentum erreicht seine höchste Spannung bei der Entscheidung über die Frage, wie wir uns zur Zentralbehauptung des überkommenen Christentums zu stellen haben, zur Menschwerdung Gottes in Jesus Christus und dessen Sühnopfer zur Erlösung der Menschheit von dem sie belastenden Zorne Gottes. Wir sahen, wie das jeder charaktervollen Religion innewohnende Verlangen nach einer einzigen allesbeherrschenden Hauptwahrheit damit eine Erfüllung größten Stiles fand, wie die hier vollzogene Verbindung von Geschichte und Übergeschichte, von menschlichem und göttlichem Wesen unergründliche Tiefen in das menschliche Dasein hineinwirken ließ und ihnen eine seelische Nähe gab, wie endlich jener Mittelpunkt eine festgeschlossene Gedankenwelt mit eherner Logik hervortrieb und den Gläubigen zu sicherer Überzeugung machte. Aber auch davon haben wir uns überzeugt, daß die Neuzeit gegen alle einzelnen Punkte wie auch gegen das Ganze entschiedensten Widerspruch erhob. Nicht nur die Begründung seiner Hauptwahrheit geriet ihr in stärkste Zweifel, auch den Inhalt konnte sie sich nicht gefallen lassen. Das Einswerden von Gott und Mensch in Einer Person, sowie der Gedanke eines stellvertretenden Opfers und überhaupt eines Mittleramts, zugleich aber alle Dogmen, welche der Entwicklung jener Grundüberzeugung dienen, die Lehren vom eingeborenen Sohn, von der jungfräu-

lichen Geburt, von der Höllenfahrt, der Auferstehung und der Himmelfahrt, dem Sitzen zur rechten Hand Gottes und dem Kommenwerden zum Gericht, also der ganze zweite Artikel, d. h. aber die eigentlichen Unterscheidungslehren des Christentums, sie sind nunmehr zum Gegenstand des Zweifels, der Verneinung, der Bekämpfung geworden.

Wir strebten über den Gegensatz hinaus, indem wir das Lebensproblem und die Stellung der Religion im Ganzen des menschlichen Sinns direkt ins Auge faßten; es ergab sich dabei, daß das menschliche Leben als Ganzes eine große Aufgabe in sich trägt, und daß diese Aufgabe unlösbar ist ohne eine Wendung zur Religion. Die Religion aber hat, so sahen wir, nicht nur als universale das Ganze der geistigen Arbeit zu befestigen und zu vertiefen, sondern sie muß auch ihm gegenüber die neue Stufe eines weltüberlegenen Beisichselbstseins des Lebens eröffnen. Von hier aus fand sich entgegenkommendes Verständnis für die Probleme des geschichtlichen Christentums und volle Würdigung der tiefen Grundempfindungen, die es durchdringen und beseelen, aber eine Ausgleichung mit jener Dogmenlehre wird nicht nur nicht erreicht, sondern der Gegensatz dazu eher noch weiter verschärft. Denn bis dahin kam der Widerspruch mehr aus dem Gesamtstande des geistigen Lebens, jetzt aber kommt er aus dem eignen Gebiet der Religion, und jetzt geht der Einwand dahin, daß dort notwendige Grundwahrheiten, an denen unser Leben hängt, an eine besondere Fassung geknüpft sind, die wir nicht mehr ertragen können, daß damit ein furchtbarer Zwiespalt in unsere Seele gepflanzt wird, und daß bei solcher Bindung des Notwendigen an Problematisches jene Wahrheiten, wenn auch nicht bei sich selbst, so doch in ihrem Wirken zum Menschen schwer geschädigt werden. Wir können von der dargelegten Überzeugung aus einen Wesenszusammenhang zwischen Menschlichem und Göttlichem nicht mehr auf eine einzige Stelle beschränken und ihn erst durch ihre Vermittlung den anderen zugehen lassen, sondern unsere religiöse Überzeugung zwingt uns, ein unmittelbares Verhältnis von Menschlichem und Göttlichem durch die ganze Weite des Geisteslebens zu fordern, wir können auch die göttliche Liebe und Gnade nicht von der einen Erweisung in Jesus Christus abhängig machen, wir müssen weiter die Vorstellungen, welche den Aufbau jener dogmatischen Lehren tragen, namentlich die von dem Zorne Gottes, den erst das Blut seines Sohnes beschwichtigt, als viel zu anthropomorph und mit reineren Begriffen von der Gottheit unvereinbar verwerfen. Wir müssen sie um so mehr verwerfen, je mehr wir in ihnen ein ebenso notwendiges wie schweres Problem erkennen: das Problem des Verhältnisses von Gerechtigkeit und Liebe, von sittlichem Ernst und verzeihender Milde in der Weltordnung wie im Menschenleben. Aber je höher dies Problem uns steht, desto unmöglicher wird die Festhaltung einer Lösung, die uns innerlich fremd, ja verletzend geworden ist. Auch zwingen uns eben religiöse Motive, auf eine entschiedene Austreibung alles dessen zu dringen, was im Bilde der Persönlichkeit Jesu Göttliches und Menschliches miteinander vermengt. Hier gilt es einen Widerstand nicht nur gegen die alte, in sich selbst konsequente Lehre von der Gottmenschheit, sondern nicht minder gegen die moderne Halbheit, welche jene Lehre fallen läßt, trotzdem aber Jesus einen unbedingten Herrn und Meister nennt und folgerichtig unser ganzes religiöses Leben an ihn binden muß, uns damit alle Selbständigkeit ihm gegenüber nimmt und unser eignes Leben voller Ursprünglichkeit beraubt. Nicht nur die Einzelnen, auch das Christentum als Ganzes leidet unter dieser Fassung. Denn nunmehr erscheint es als ganz und gar an diesen einen Punkt gekettet und auf ein Festhalten der in ihm zur Wirkung gelangten Wahrheit beschränkt; bei solcher Festlegung und Verengung kann es unmöglich die ganze Weltgeschichte durchdringen, sich selbst immer wieder verjüngen, in die Zeiten eingehen und sie auch in ihrer besonderen Art erhöhen, wird es nicht ein fortlaufendes, uns allen gemeinsames Werk, wie es sein muß, wenn es uns vollauf bewegen soll. Auch wird dann alle Erschütterung, welche die historische Kritik an dem Bilde Jesu vollzieht, unvermeidlich zu einer Schädigung des gesamten Christentums. Diese Punkte zeigen, daß der Widerspruch gegen die überkommene Fassung der Religion nicht nur von außen kommt, sondern auch aus der Religion selbst hervorgehen kann, ein solcher Widerspruch ist aber besonders gefährlich, denn er macht die Sache aus einer bloß intellektuellen Behauptung zu einer heiligen Pflicht, zu einer ethischen Forderung.

Aber je mehr wir das alles anerkennen, und je entschiedener wir schwächlichen Vermittlungsversuchen widerstehen, desto dringender wird die Frage, ob unsere eigne Überzeugung nicht aller Tatsächlichkeit entbehrt und von schwankender Meinung und Neigung abhängig wird, zugleich auch die weitere Frage, ob mit der Preisgebung jener dogmatisch-historischen Tatsächlichkeit uns nicht aller Zusammenhang mit dem Kern des Christentums verloren geht.

Beide Fragen weisen auf das Problem zurück, was auf dem Gebiet des Geisteslebens und namentlich dem der Religion unter Tatsache zu verstehen sei. Tatsachen können hier nicht Vorgänge sein, die von draußen an uns kommen, sondern alle echte Tatsächlichkeit muß hier dem Inneren angehören, aber auch was in diesem geschieht, das hat volle Sicherheit nicht als einzelnes Erlebnis, denn alles derartige läßt sich in verschiedene Zusammenhänge bringen und danach verschieden verstehen, sondern jene Sicherheit erlangen nur Gesamtgeschehnisse und Gesamtbewegungen, die alles einzelne tragen und sich nicht von außen her deuten lassen, sondern sich selbst genügend erhellen.

Daß solche Gesamtbewegungen in uns liegen und an die Seele Aufgaben von Ganzem zu Ganzem stellen, das war das Hauptergebnis unserer Betrachtung des Menschenlebens, ja es faßten sich ihr alle Tatsachenreihen zusammen in die eine Haupt- und Grundtatsache des Selbständigwerdens eines Innenlebens, des Erscheinens einer neuen Stufe der Wirklichkeit in unserem Bereich; diese Gesamttatsache zeigte aber in sich selbst eine weitere Bewegung, einen weiteren Aufstieg, der alles Vermögen individueller Meinung und Deutung aufs weiteste überragt. Diese Grundtatsache des Geisteslebens erwies sich einmal als eine weltgeschichtliche Macht, die alles hervorbringt, was den Menschen wesentlich über das bloße Tier erhebt, und die in der Geisteskultur einen großen Lebenszusammenhang aufbaut, sie gewann aber zugleich eine unmittelbare Gegenwart in der Seele jedes Einzelnen, denn an jeder Stelle galt es ein geistiges Selbst zu erringen, das Geistesleben eben hier zu ergreifen und auszubilden, eine geistige Energie zu werden. Daß so der Kern des Weltgeschehens zugleich jedes Einzelnen unmittelbares Erlebnis und eine zwingende Aufgabe zu werden vermag, das gibt der Grundüberzeugung sowohl Gewißheit als seelische Nähe und gewährt damit dem Leben einen festen Grund wie eine Sicherung gegen alle Zweifel. Auf diese geistige Tatsächlichkeit ist alles zu beziehen, was Überlieferung und Umgebung an uns bringt, von hier aus ist es nicht nur zu durchleuchten, sondern auch zu beleben, nur von hier aus läßt sich bemessen, was von jenem bleibende Lebenskraft hat, und was an besonderen Zeitlagen hängt und mit ihnen vergehen muß. Einer derartigen Messung kann sich auch der Komplex des überlieferten Christentums nicht entziehen, erst von hier aus ist sein Wahrheitsgehalt deutlich herauszuarbeiten, damit er sich rein entfalte und zu voller Wirkung gelange.

Wenn wir so zur Überzeugung stehen, daß die Tatsachen, die über die Religion entscheiden, nicht neben dem Leben, sondern in ihm liegen, daß sie an die Seele nicht von außen kommen, sondern durch zusammenfassende Tat selbsterrungen aus ihr emporsteigen müssen, so wird solche Verlegung der Tatsächlichkeit in das Reich des Unsichtbaren leicht dem Vorwurf begegnen, es werde damit aller feste Bestand verflüchtigt. Aber diesen Vorwurf weisen wir zurück und berufen uns dabei auf das Zeugnis des Gesamtverlaufs der Geschichte, der immer mehr den Schwerpunkt des Lebens vom Äußeren ins Innere, vom Sichtbaren ins Unsichtbare verlegt hat, der immer mehr vor das sinnlich Greifbare ein Reich von Gedankengrößen stellte und von da aus das Sinnliche selbst in neuem Lichte sehen ließ. An dieser Bewegung nimmt die Religion mit besonderer Stärke teil; es gab keinen wesentlichen Fortschritt in ihr, der nicht ein weiteres Zurücktreten des Sinnlichen vor dem Unsinnlichen mit sich brachte; so tat es das Christentum selbst, so geschah es auch in seiner Geschichte. Wer auf der früheren Stufe verblieb, dem mußte das Neue eine Auflösung und eine Verflüchtigung dünken, wie denn das alte Christentum oft des Atheismus bezichtigt wurde, und auch heute noch mancher Katholik sich dagegen sträubt, die minder greifbare Religion des Protestanten überhaupt Religion zu nennen. Aber das Maß geben schließlich doch die Fortschreitenden, nicht die Zurückbleibenden. So entspricht es dem Zuge der weltgeschichtlichen Bewegung, wenn wir eine weitere Wendung vom Sichtbaren ins Unsichtbare fordern und wahre Wirklichkeit von sinnlicher Handgreiflichkeit noch schärfer geschieden haben wollen.

Aber eine andere Frage ist, ob diese Wendung dem Christentum wie es vorliegt entspricht, und ob wir uns nicht mit ihr von ihm völlig trennen. Wir würden das zweifellos tun, wenn nicht auch das geschichtliche Christentum weit mehr wäre als seine dogmatische Fassung. In Wahrheit war jene Fassung nur eine Verkörperung, die sich gewiß nicht entbehren ließ, die aber nicht das Ganze des Lebens bildet, und die ein Recht immer nur als ein Ausdruck der Seele hat. Wie es ein Christentum gab vor der Ausbildung jener Verkörperung, so hat es zu allen Zeiten ein über sie hinausgehendes, ja von ihr unabhängiges Leben entfaltet. Denn seine Seele war stets etwas Einfacheres und Unmittelbareres, es war das unmittelbare Verhältnis der Seele zu Gott mit all den Erschütterungen und Erhöhungen, die hier aus Entfernung und Wiederverbindung entsprangen; lag in jener Verkörperung stets der Hang zu immer weiterer Durchbildung und immer größerer Kompliziertheit, so stellte jenes unmittelbare Leben dem ein entschiedenes Verlangen nach gründlicher Vereinfachung, nach schlichter Menschlichkeit und nach voller seelischer Nähe entgegen; so geschah es überall, wo das religiöse Leben mit verjüngender Kraft hervorbrach, auch innerhalb der katholischen Kirche, wie z. B. bei einem Franz von Assisi und einem Thomas von Kempen, wie auch in aller Mystik, sofern sie sich nicht auf Christus, sondern direkt auf Gott bezieht. Und so gilt es wohl von allen Höhepunkten des religiösen Lebens, auch auf diesem Gebiet war das Einfache das Große und Förderliche. Betrachten wir doch die Bekenntnisse eines Augustin oder Pascals Gedanken über Religion; um was anderes bewegt sich hier alles als um das unmittelbare Verhältnis der Seele zu Gott, um die Erhaltung der Seele inmitten gewaltiger Anfechtung? „Gott und die Seele möchte ich kennen. — Nichts mehr? — Nichts mehr", so meint Augustin. Daher fällt es nicht aus den Zusammenhängen des Christentums, der Religion des Geistes, heraus, wenn uns die Geschehnisse innerhalb des Geisteslebens als die Hauptsache gelten und als solche behandelt sein sollen.

Aber wir verkennen dabei nicht die Notwendigkeit einer erheblichen Weiterbildung der überkommenen Lage. Die inneren Bewegungen des Lebens ließen früher die Verkörperung unbedenklich neben sich stehen, sie kamen damit nicht in Widerspruch, sie fanden darin oft eine sehr erwünschte Ergänzung. Heute aber ist uns, und zwar nicht durch eine vorübergehende Stimmung, sondern durch die Gesamtentwicklung der Zeit ein Widerspruch zwischen Seele und Verkörperung zum Bewußtsein gekommen, und es handelt sich jetzt darum, ob der Körper die Seele festhalten oder die Seele den Körper umwandeln soll. Auch wenn die Seele siegt, muß sie wieder nach Verkörperung streben, aber sie wird das tun aus der weltgeschichtlichen Lage der Gegenwart, nicht aus der Art vergangener Zeiten. Das Seelische wird sich aber um so mehr als die Hauptsache durchsetzen können, je mehr sich das Leben in ein Ganzes zusammenfaßt und den Individuen überlegen wird; es wird aber überlegen bei der dargelegten Fassung des Geisteslebens.

Von solchem Standpunkt aus die einzelnen Lehren jener dogmatischen Gedankenwelt zu beleuchten und in ihnen den bleibenden Wahrheitsgehalt von der vergänglichen Fassung zu scheiden, das würde die Grenzen unserer Betrachtung weit überschreiten, nur das sei mit einigen Worten bemerklich gemacht, daß auch bei unserer Überzeugung die Persönlichkeit Jesu, des Menschen Jesus, eine hervorragende Bedeutung keineswegs einbüßt, im besonderen nicht zur Rolle eines bloßen Weisheitslehrers herabsinkt. Alles geistige Schaffen, alles erneuernde und erhöhende Schaffen, ist Sache einiger weniger Persönlichkeiten, denen gegenüber die anderen bloße Gehilfen oder gar eine bloße Umgebung sind; jenes Schaffen kam nur zustande, indem die Persönlichkeit selber in ihm ein ureignes Wesen suchte, im Wirken einen Kampf um eine geistige Selbsterhaltung vollzog und siegreich zu Ende führte; wir sahen, wie die schaffenden Persönlichkeiten bei solchem Sichaufringen sich nicht auf die eigne Kraft gestellt, sondern von göttlicher Macht getrieben fühlten, und wie sie das, was aus ihren Mühen entsprang, als eine Offenbarung jener Macht verstanden. Wenn solche Seltenheit der Größe und solches Abhängigkeitsbewußtsein in der Größe schon von den einzelnen Gebieten der geistigen Arbeit gilt, so gilt es noch vielmehr da, wo der Charakter des ganzen Lebens in Frage steht wie bei der Religion. Das Hervorbrechen des Neuen hat hier eine noch vollere Ursprünglichkeit, es besagt einen noch schrofferen Bruch mit allem Alten, ein Fallenlassen aller Zusammenhänge, es bekundet eine selbständige Lebensquelle. Zugleich steigert sich hier das Bewußtsein der Abhängigkeit von einer höheren Macht zu dem einer seelischen Gemeinschaft mit Gott. Wie hier Wandlung und Wunder weit größer ist, so sind auch die schaffenden Persönlichkeiten weit seltener, und um einige wenige bewegt sich hier die ganze Weltgeschichte; warum Jesus aber unter ihnen eine eigentümliche Stellung und eine besondere Höhe einnimmt, das brauchen wir nicht zu erörtern.

Wohl aber möchten wir daran erinnern, daß eben unsere Überzeugung von dem, was an einer schöpferischen Persönlichkeit wesentlich und wertvoll ist, uns weit widerstandsfähiger gegen die Bedenken der historischen Kritik macht als diejenigen, denen die dogmatische Stellung Jesu die Hauptsache ist. Denn das ist kaum zweifelhaft, daß das Bild von dieser Stellung weniger die eigne Überzeugung Jesu wiedergibt, als es der Verehrung der nachfolgenden Geschlechter entsprungen ist. Die durchaus eigentümliche Gestaltung des Lebens dagegen, wie sie bei Jesus vorliegt, ließ sich unmöglich nachträglich erfinden oder stückweise zusammenflicken, so wird hier ein Tatbestand geboten, an dem sich nicht zweifeln läßt.

Aber, so hören wir fragen, liegt in jeder ausgeprägten Individualität nicht auch eine innere Begrenzung, kann eine Individualität mit ihrer Besonderheit auf alle und zu allen Zeiten wirken? Sie kann es sicherlich nicht in der Weise, daß sie ihre besondere Art allen auferlegt; wo die „Nachfolge Christi" so verstanden wurde, da hat sie viel Irrung und Verwirrung erzeugt. Aber als geistige ist eine solche schaffende Individualität mehr als eine zufällige Besonderheit; sie enthält insofern Bleibendes und allezeit Jugendfrisches, als sie das Problem auf eine ungeahnte Höhe erhebt, uns in eine neue Welt versetzt, durch das volle Aufgehen ihres Wesens in eine allesbeherrschende Aufgabe eine hinreißende Kraft der Aufrüttelung und Belebung übt. Die Vergegenwärtigung dessen kann auch uns ein gewaltiger Antrieb und eine Quelle neuen Lebens werden, daran können wir uns bilden, bereichern, emporheben, ohne darüber die Ursprünglichkeit unseres eignen Lebens zu verlieren und in unserer Eigentümlichkeit irgend geschädigt zu werden. Denn hier gilt es nicht ein sklavisches Hinnehmen dessen was an uns kommt, nicht eine Beugung unter eine fremde Gewalt, sondern ein Erwecken und Erringen unseres eigensten geistigen Wesens im Gewinn einer Welt, die keinen Wandel der Zeit und keine feindliche Spaltung der Individuen kennt.

6. Mit dem Problem der Kirche haben wir uns wiederholt befaßt und uns dabei überzeugt, daß alle Mängel und Schäden eine religiöse Gemeinschaft nicht entbehrlich zu machen vermögen. Dem Christentum aber muß eine solche besonders wesentlich und wertvoll sein, weil es mit besonderer Kühnheit gegenüber der vorhandenen Welt eine neue erbaut und das erstrebte Reich Gottes nicht in überlegener Ferne halten, sondern auch in das menschliche Dasein einführen will. Der Größe des Wollens entsprach freilich, wie es zu geschehen pflegt, die Größe der Verwicklungen und Gefahren, es entstand ein unablässiger Kampf nicht nur nach außen hin, sondern auch im eignen Innern des Christentums, und es hat der Streit über das Verhältnis von Kirche und Persönlichkeit in der Reformation die größte Spaltung hervorgerufen, welche die Geschichte des Christentums kennt.

Aber da wir nicht rückwärts, sondern vorwärts schauen, so haben wir nur mit den Fragen zu tun, welche der gegenwärtige Stand der Dinge mit seiner Entzweiung von Religion und Kultur uns auferlegt. Unter dem Eindruck dieser Entzweiung geht das kirchliche Leben heute nach entgegengesetzter Richtung auseinander. Auf der einen Seite waltet das Streben, die Kultur unter der Botmäßigkeit der Religion zu halten, von jener nur gelten zu lassen, was sich der Gedankenwelt der Kirche anschmiegt und einfügt, alles aber, was andere Wege geht, als Abfall und Irrung zu verwerfen; liegen nun wirklich große Wandlungen in der Bewegung der Zeiten, wie wir uns davon überzeugten, so muß aus jenem Verfahren ein harter Druck auf die Geister und eine geistige Stagnation entstehen; die Enzyklika gegen die Modernisten und der Antimodernisteneid zeigen mit aller Deutlichkeit, wohin dieser Weg die Menschheit führt. Auf der anderen Seite sucht man — so bei manchen Protestanten — den Verwicklungen zu entgehen durch möglichste Ablösung der Religion von der Kultur und die Zuweisung eines abgesonderten Gebietes. Damit aber wird die Religion leicht eine bloße Erregung subjektiver Gefühle, deren hochgestimmtes Pathos den Mangel an geistiger Substanz nicht verdecken kann, und die auch keinen Antrieb zur Bildung einer Gemeinschaft enthalten; dann ist jene freilich aus aller Gefahr heraus und sicher vor allem Zusammenstoß mit der Kultur, aber sie vermag dann der Menschheit nichts wesentlich Neues zu bringen, sie verliert zugleich alle Werbekraft und unterliegt unvermeidlich der schwersten Gefahr, die der Religion begegnen kann, der Gefahr eines Gleichgültigwerdens. So schwankt die Stimmung des modernen Menschen gegenüber der Kirche zwischen Erbitterung über den Druck und Gleichgültigkeit hin und her, kein Wunder, daß im Durchschnitt des Lebens die Ablehnung überwiegt.

Aber so wenig sich die Tatsache einer weitverbreiteten Antipathie gegen die Kirche wegdeuten oder abschwächen läßt, es fragt sich, ob dies Gefühl über die

Oberfläche hinaus in den tiefsten Grund des Lebens reicht, ob nicht vielmehr aus diesem ein starkes Verlangen nach einer religiösen Gemeinschaft aufsteigt, selbst im Gegensatz zu den vorhandenen Kirchen. Wir sahen, daß je mehr das moderne Leben seine eigentümliche Art entwickelt, desto deutlicher seine Begrenzung wird und desto stärker zugleich das Bedürfnis nach einer Ergänzung, für eine solche aber scheint eine Verbindung der Menschen unter dem Zeichen der Religion durchaus unentbehrlich. Je überwältigender die Außenwelt uns an sich zieht, und je zwingender sie uns festhält, desto größer wird das Verlangen nach einer Verstärkung der Innerlichkeit durch ein Sichzusammenfinden verwandter Seelen zu irgendwelcher Organisation; je mehr die Beschleunigung der Arbeit das Leben an den Augenblick kettet und über dem Hangen an der Zukunft alle Gegenwart vergessen läßt, desto notwendiger wird irgendwelcher Stand des Beharrens und der Gewinn einer zeitüberlegenen Gegenwart; dazu aber bedarf es einer Ordnung, welche die bleibende Wahrheit gegenüber dem Wandel der Zeit im gemeinsamen Leben vertritt. Erwägen wir weiter, wie der Kampf der Natur ums Dasein sich im sozialen Zusammensein zu unerbittlicher Konkurrenz verschärft, wie das moderne Leben bei wachsender Fülle der äußeren Berührungen den Menschen immer einsamer macht, und wie das Jagen nach Macht und Genuß, wie Berechnung und Zweckdienlichkeit alle Sorge um innere Güter zurückdrängt und ihren Selbstwert verdunkelt, erwägen wir, wie in dem allen das innere Leben verkümmert, so wird uns ganz wohl verständlich, daß tiefere Seelen ein Verlangen nach Bildung eines Lebenskreises ergreift, welche die inneren Aufgaben als einen Selbstzweck behandle und der drohenden Veräußerlichung widerstehe, dies aber nicht im Widerspruche, sondern in Übereinstimmung mit dem weltgeschichtlichen Stande des Geisteslebens. Bei Entwicklung eines solchen Lebenskreises brauchen Religion und Kultur nicht notwendig sich zu verfeinden oder auseinanderzufallen, wenn nur ein gemeinsames Geistesleben sie umspannt, und wenn bei der Religion zwischen geistiger Substanz und menschlicher Aneignungsform, bei der Kultur aber zwischen Geisteskultur und Menschenkultur deutlicher unterschieden wird. Wie heute die religiöse Gemeinschaft in Anerkennung beider Seiten nach einer Verständigung streben kann und eben mit solchem Streben eine große Bedeutung gewinnt, das sei in einigen Punkten angedeutet.

Die Religion darf im gemeinsamen Leben nicht ein Mittel für andere Zwecke, etwa für politische Macht oder für soziales Wohlsein werden; gerade das Wesentlichste an ihr, ihre Innerlichkeit und ihre Weltüberlegenheit, könnte leicht darüber verloren gehen. Aber sie als Selbstzweck anerkennen, heißt nicht sie vom Leben ablösen und sie zu einer Lehre von jenseitigen Dingen machen, vielmehr wird, wer sie vom Ganzen des Lebens her versteht, hier auch ihre Aufgabe suchen, er wird von ihr vornehmlich eine Befestigung, Veredlung, Erhöhung des menschlichen Daseins erwarten; dies aber kann nicht geschehen ohne ein mutiges Eingehen in die Zeit und eine ernstliche Beschäftigung mit ihren Sorgen und Nöten; es gilt nicht, sich dem bloßen Diesseits zu ergeben, aber von einem überlegenen Standort aus in ihm mehr zu entdecken, mehr in Bewegung zu setzen, es in größeren Zusammenhängen zu sehen und zu behandeln. „Unter Menschen muß man Gott suchen.“ Alle Probleme der Zeit, die den ganzen Menschen betreffen, müssen auch die religiöse Gemeinschaft in Tätigkeit setzen. Ja nicht die Höhen aufgeben, aber sie zur Breite des Lebens in nähere Beziehung bringen! Nicht das Diesseits überschätzen, aber es innerlich heben und ein weltüberlegenes Leben in ihm gegenwärtig halten! Nicht der Zeit sich beugen, aber sich mehr mit ihr befassen und in ihr ein Ewiges suchen!

Unsere Zeit ist durchaus eigner Art und trägt unermeßliche Aufgaben in sich; ist es da z. B. nicht verwunderlich, daß die jungen Theologen ihre Bildung im wesentlichen noch in der philologisch-historischen Art erhalten, wie sie die Reformation nach ihren Überzeugungen von dem Werte der Bibel fordern mußte. Die Bibel in allen Ehren, aber ist es richtig, daß z. B. das Studium des Hebräischen für notwendiger gilt als eine gründliche Einführung in die sozialen Probleme der Zeit? Gilt noch für uns das seinerzeit so mächtig durchschlagende Wort von Luther, daß die Sprachen (d. h. die fremden Sprachen) die Scheide sind, worin das Messer des Geistes steckt? Sucht die Kirche keine enge Fühlung mit der Zeit, so darf sie sich auch nicht wundern, wenn die Zeit gleichgültig gegen sie wird.

Wie beim Handeln mehr Durchdringen der Welt, so ist bei den Überzeugungen eine engere Verbindung mit dem Lebensprozesse zu suchen. Unbedingt bedarf die religiöse Gemeinschaft einer eignen der Religion entsprungenen Gedankenwelt; würde sie diese Welt an die

Ergebnisse anderer Gebiete binden, so könnte sie den Bewegungen der Zeit nichts Festes entgegenhalten und würde leicht von den wechselnden Strömungen der Zeitoberfläche bald hierher bald dorthin gerissen; eine religiöse Gemeinschaft, die jeden Widerspruch scheut, und die keine energische Kritik an der Zeit übt, keine Aggressive gegen sie entwickelt, hat das Recht zu selbständiger Existenz verwirkt.

Andererseits fällt in die Wage, daß nach dem Zeugnis der Geschichte und nach unseren eignen Darlegungen die Religion durch den Widerspruch mit der Zeitumgebung in arge Bedrängnis geraten kann. Solcher Verwicklung ist nur in der Weise zu begegnen, daß die religiöse Gemeinschaft sich auf die Wahrheiten stellt und auf die Wahrheiten stützt, welche unmittelbar dem Lebensprozesse selbst angehören, nicht ersterhand aus metaphysischer Spekulation oder aus geschichtlicher Überlieferung stammen, d. h. also Wahrheiten, welche die Tatsachen des Erscheinens einer neuen Welt beim Menschen und die Weiterbildung dieser Welt durch Kampf und Erschütterung hindurch betreffen und vertreten, die Tatsachen einer grundlegenden, einer kämpfenden, einer überwindenden Geistigkeit. Diese zentralen Wahrheiten hat die Kirche aufrechtzuhalten und mutig, ja siegesgewiß auch in den Kampf zu führen, von der Überzeugung getragen, daß kein peripheres Geschehen das zentrale erschüttern kann, und daß die tatsächliche Entwicklung einer Wirklichkeit allen Ansichten von der Wirklichkeit sicher überlegen bleibt. Nur solche Wahrheiten können sich dem Wesen des Menschen so eng verbinden, daß ihre Verfechtung ihm zur Sache einer geistigen Selbsterhaltung wird und damit das Allergewisseste, was es nur geben kann, und nur bei solchen Tatsachen kann die gemeinsame Erfahrung des ganzen Menschengeschlechts im Aufbau des Geisteslebens zugleich eine unmittelbare Erfahrung und Aufgabe jedes Einzelnen werden. Diese Lebenswahrheiten gestatten aber auch, mit einer Unerschütterlichkeit des Grundgehalts eine Beweglichkeit in der Formulierung und zugleich eine engere Berührung mit der Bewegung der Zeiten zu verbinden; denn wo die Überlegenheit des Grundprozesses gegen alle Erscheinung und Darstellung vollauf anerkannt wird, da kann die Wahrheit zugleich eine felsenfeste Tatsache und eine stets sich erneuernde Aufgabe sein, da schließt der Besitz ein Suchen nicht aus, ja da fordert er es als ein immer weiteres Verwandeln der in uns wirksamen Tiefe in volle Selbsttätigkeit; da kann die Bewegung der Zeiten dazu dienen, der zeitüberlegenen Wahrheit einen immer vollkommneren Ausdruck zu geben. Alle menschliche Fassung der göttlichen Wahrheit bleibt schließlich ein Symbol, und es handelt sich nur darum, daß dies Symbol das angemessenste sei, und daß nicht zwischen ihm und der Wahrheit, welcher es dient, ein Abstand bemerklich werde. Denn sobald dies geschieht, fällt das Leben auseinander, und verliert die religiöse Gedankenwelt ihre Sicherheit und ihre Überzeugungskraft. Es läßt sich aber in dieser Weise zur Überwindung der Gegensätze arbeiten nur, wo fundamentale Lebenswahrheiten, nicht die überkommenen Dogmen, den Kern der Gedankenwelt bilden.

Schließlich kommt alles darauf an, daß die religiöse Gemeinschaft eine einzige, allumfassende, zur Erhaltung des Menschen unentbehrliche Wahrheit besitze und vertrete. Das vornehmlich verschuldet die Erschütterung des kirchlichreligiösen Lebens, daß die früher von ihm vertretene Hauptwahrheit von der Menschwerdung Gottes und von dem Mittleramt Christi für den weltgeschichtlichen Stand unserer Überzeugungen unhaltbar geworden ist, daß aber, was an Neuem aufstrebt, sich noch nicht genügend in ein Ganzes zusammengefaßt und die Festigkeit einer aller subjektiven Meinung überlegenen Tatsache gewonnen hat. Daß dieses geschehe, das ist die Hauptbedingung und das Hauptverlangen für eine Kräftigung und Verjüngung der religiösen Gemeinschaft; es kann aber ganz wohl geschehen, weil in Wahrheit eine große allumfassende Tatsache in unserem Leben liegt und uns zu unablässiger Arbeit aufruft. Das ist, wie wir sahen, das Erscheinen einer neuen Stufe der Wirklichkeit, die Eröffnung eines Lebens aus dem Ganzen des Alls; in seiner Aneignung gilt es für uns ein Reich des Geistes auch bei uns in gemeinsamer Arbeit aufzubauen. Ist aber diese Aufgabe nur im Gegensatz zum Durchschnitt der menschlichen Lage und in Vergegenwärtigung weiterer Tiefen zu lösen, und gibt es daher für sie kein rechtes Gelingen ohne eine Wendung zur Religion, so behält auch die religiöse Gemeinschaft ein allbeherrschendes Ziel und zugleich einen bleibenden Wert. Mag dabei die Zeitlage zunächst ein Selbständigwerden gegenüber der Vergangenheit fordern, je gesicherter solche Selbständigkeit wird, desto mehr läßt sich auch eine Verständigung mit der Vergangenheit suchen, und lassen sich die Leistungen der verschiedenen Zeiten in ein gemeinsames Werk zusammenfassen.

Zusammenfassung.

Punkt für Punkt verlangte die Aufrechterhaltung des Christentums erhebliche Umwandlungen gegen den überkommenen Stand. Die Religion hat sich der menschlichen Tätigkeit enger zu verbinden und zugleich die Welt kräftiger zu durchdringen; das Geistesleben muß selbständiger gegenüber der Art und der Lage des Menschen werden und bei sich selbst den Gegensatz von persönlicher und unpersönlicher Fassung überwinden, was nur durch wesentliche Erhöhung geschehen kann; beim Erlösungsgedanken muß das erneuernde Ja kräftiger zur Geltung kommen; die christliche Moral hat die Höhe einer weiteren Bewegung zu bilden; die Zentraltatsache der Religion muß sich weiter zurück in den Aufbau eines neuen Lebens für Menschen und Menschheit verlegen und damit auch eine größere seelische Nähe erlangen; auch die Kirche endlich muß mehr zu einer Trägerin von Lebenstatsachen und Lebensaufgaben werden. Das ist eine Mannigfaltigkeit von Forderungen, aber diese bilden kein bloßes Nebeneinander, sondern sie sind nur verschiedene Seiten eines durchgehenden Verlangens, und sie weisen alle nach derselben Hauptrichtung, nämlich dahin, daß das Christentum das in ihm enthaltene Leben mehr zur Selbständigkeit herauszuarbeiten und von da aus seine Welt zu entwerfen hat; es handelt sich um die Ausbildung eines tiefer im Lebensprozesse selbst verankerten, in ihm sich offenbarenden Christentums, eines Christentums, das damit ursprünglicher und universaler, aktiver und männlicher wird. Ein solches Christentum kommt an uns nicht als ein fertigabgeschlossenes Werk, sondern es bildet eine noch mitten im Fluß befindliche Bewegung, eine Bewegung, die uns zu eigner Mitwirkung aufruft, ja uns zu Mitträgern eines neuen Lebens macht. Im Christentum der ersten Jahrhunderte, wo es die neuaufsteigende Welt gegen eine im Besitz befindliche erst aufzubringen galt, hatte der Gedanke, daß jeder an seiner Stelle das gemeinsame Werk selbsttätig fortführen müsse, eine große Macht über die Seelen und wirkte als starker Antrieb des Handelns; Origenes gab diesem Gedanken den Ausdruck, der wahre Anhänger Christi solle nicht bloß an Christus glauben, sondern selbst ein Christus werden und mit seinem Leben und Leiden der Errettung der Brüder dienen. Auch heute steht das Christentum in einem gewaltigen, vielleicht noch härteren Kampf, auch heute kann es nur siegen, wenn es als ein gemeinsames fortlaufendes Werk behandelt wird, und die Anhänger es nicht bloß anzunehmen, sondern selbst mit zu bauen haben. Zeigt doch auch die politische Erfahrung, daß das Interesse am Staatsleben nur da warm und kräftig wird, wo die einzelnen Bürger am Ganzen selbsttätig teilnehmen und eine innere Verantwortung für das Ganze übernehmen, während da, wo nur von oben herab befohlen wird, ein rechtes Interesse nicht aufkommen kann. Auch für die Religion gilt, daß wir mit voller Kraft nur da lieben und wirken können, wo wir die Sache als eine eigne Angelegenheit treiben, uns selbst in ihrer Verfechtung behaupten. Wie anders könnte aber die Religion als Ganzes uns eine Sache eigner Tätigkeit werden als dadurch, daß sie in der dargelegten Weise in den innersten Kern des Lebens verlegt und als ein Verlangen nach geistiger Selbsterhaltung nicht bloß des Einzelnen, sondern der ganzen Menschheit verstanden wird?

In der Steigerung der Tätigkeit liegt zugleich ein Wachstum der Gewißheit. Denn nichts kann uns sicherer sein, nichts bedarf weniger einer Beweisführung oder einer Unterstützung von außen her als das, was unserem eignen Leben seinen Charakter gibt, was es als Geistesleben erst schafft. Je mehr wir uns in diesem Leben befestigen und dadurch an einer Wirklichkeit teilgewinnen, die als Kern aller Wirklichkeit gelten darf, desto weniger kann die Undurchsichtigkeit, ja die Feindschaft der Weltumgebung uns erschrecken, desto zuversichtlicher werden wir die Grundwahrheit gegen alle Widersprüche aufrechterhalten. — Im Überblick alles dessen, was eine engere Verbindung der Religion mit der Grundtatsache des Geisteslebens verheißt, glauben wir von solcher Verbindung keine Minderung der Religion besorgen zu dürfen.

Darüber aber — das gestehen wir bereitwillig zu — kann gar wohl eine Sorge sein, ob das Neuerstrebte noch innerhalb des Christentums liegt, ob es nicht aus seinem Kreise heraustritt. Die Antwort darauf hängt davon ab, was unter Zugehörigkeit zu einer Religion überhaupt zu verstehen sei, und dies wiederum davon, was als Kern und Wesen einer Religion zu gelten habe. Bedeutet sie ein geschlossenes System von Lehren und Einrichtungen, so darf nur der als ihr Anhänger gelten, der dies System in seinem vollen Umfange annimmt. Diese Fassung wurde aber durch unsere ganze Untersuchung bekämpft. Hat die Religion an erster

Stelle mit dem Leben zu tun, so liegt ihr unterscheidendes Wesen in der ihr eigentümlichen Gestaltung des Lebens, und die Frage geht dann dahin, ob wir diese Gestaltung des Lebens teilen, uns in die hier eröffnete Lebensbewegung versetzen und ihre Richtung weiter verfolgen, oder ob wir das Gegenteil tun.

Nun zeigte sich uns durchgängig, wie das Christentum die im Ganzen alles Menschenwesens angelegten Probleme in weitestem Umfang aufnimmt und zu größter Tiefe führt, wie es daher mit seiner ausgeprägten Eigentümlichkeit zugleich eine Allgemeingültigkeit in Anspruch nehmen darf, nicht als eine fertige Leistung, wohl aber als eine fortgehende und aufsteigende Bewegung. Sich einer solchen anschließen, das heißt nicht einen fertigen Stand sich schlechtweg gefallen lassen, sondern das heißt das Wirken und Schaffen des Ganzen sich aneignen und es nach bestem Vermögen fördern. Eine solche Bewegung ist auch eine Tatsache allerbedeutsamster Art. Es hat sich hier ein charaktervoller Lebenstypus gebildet und geht mit umwandelndem Wirken durch die ganze Weltgeschichte; zur Würdigung dessen ist gegenwärtig zu halten, daß unser Leben, aufs Innere angesehen, sehr begrenzte und leicht übersehbare Möglichkeiten enthält; die Möglichkeit sollte uns beherrschen, welche das Leben nach Weite und Tiefe am meisten umfaßt und weiterbildet. Das aber läßt sich vom christlichen Lebenstypus behaupten. Das geschichtliche Christentum ruht dabei auf einem ewigen Christentum, aber es hat eine große Bedeutung darin, daß es jenes zuerst auf dem Boden der Geschichte zum Durchbruch gebracht und zu weltgeschichtlicher Macht geführt hat; damit erst haben sich die vorher zerstreuten Wahrheiten in ein Ganzes zusammengefunden und sind als Ganzes zur Wirkung gelangt; es ist nunmehr auf der ganzen Linie ein Kampf mit den Widerständen aufgenommen und eine bei aller Unvollkommenheit auf höchste Ziele gerichtete geschichtliche Verkörperung entstanden, diese hat uns erst an den Punkt gebracht, an dem wir heute stehen. Sich von dieser großen Bewegung der Zeiten absondern und die tiefsten Erfahrungen der Menschheit ignorieren, das wäre ein Fallen ins Leere, eine Auslieferung des Lebens an gehaltlose Subjektivität.

Unsere eigne Untersuchung zeigt dabei, daß auch das, was heute an Neuem erforderlich ist, mit der Grundwahrheit nicht bricht, sondern sie nur gemäß dem weltgeschichtlichen Stande des Lebens weiterentwickelt. Wir erkannten die Notwendigkeit der Aufrechterhaltung einer weltüberlegenen und weltdurchdringenden Religion, um geistiges Schaffen überhaupt zu ermöglichen und der Hast des Weiterstrebens ein Beisichselbstsein des Lebens entgegenzuhalten; wir sahen, daß die Überlegenheit des Geisteslebens, die das Christentum besonders nachdrücklich vertritt, sich auch auf dem Boden der Neuzeit behaupten kann und behaupten muß; wir sahen, wie die geistige Betätigung des Menschen sich nun und nimmer auf das Vermögen des einzelnen Punktes stellen darf, sondern wie nur die lebendige Gegenwart eines Lebens aus dem Ganzen äußere Hemmung wie innere Spaltung überwinden kann, eines Lebens, das nicht das Vorhandene bloß steigert, sondern eine wesentliche Umwandlung bringt; wir überzeugten uns sowohl von der bleibenden Bedeutung der eigentümlich christlichen Moral als auch von dem Recht der moralischen Idee das ganze Leben zu führen; wir mußten die das Leben befestigende und richtende Tatsächlichkeit weiter zurückverlegen, aber eine zentrale geistige Tatsächlichkeit war schlechterdings unentbehrlich, mit ihr ergab sich auch die Möglichkeit, innerhalb der Religion der einzelnen Persönlichkeit eine bleibende Bedeutung zu wahren; unentbehrlich zeigte sich auch eine selbständige Gemeinschaft unter dem Zeichen der Religion; so bleibt die Veränderung, welche die weltgeschichtliche Lage fordert, innerhalb der Grundtatsache und Hauptwahrheit; diese Wahrheit selbst gerät dadurch nicht ins Wanken, daß ihre Entwicklung bei uns Menschen verschiedene Phasen durchläuft. Von solchen Erwägungen aus glauben wir die Frage, ob wir heute noch Christen sein können, getrost bejahen zu dürfen.

Eine Bestätigung dessen, daß das Christentum eben in seiner Eigentümlichkeit nicht nur eine Berechtigung, sondern eine Überlegenheit und eine bleibende Wahrheit besitzt, ergibt sich aus einer Vergleichung seiner besonderen Art sowohl mit der anderer Religionen als mit dem, was heute von der Kultur aus an religiöser Bewegung sich dem Christentum entgegenstellt.

Von den anderen Religionen kommen hier namentlich das Judentum und die indischen Religionen in Betracht. Das Judentum ist groß durch die Entschiedenheit und die Reinheit seiner Moral, es ehrt die Freiheit des Menschen, es ruft ihn zu emsiger Tätigkeit auf und führt ihn zu kräftiger Lebensbejahung, es hat durch eine lange Kette trüber Zeiten hindurch einen freudigen Lebensmut erhalten und im besonderen einen sozialen Opfersinn erzeugt, der seines Gleichen sucht.

Aber bei allen diesen Leistungen hat es eine innere Grenze, es vollzieht nicht eine Umwälzung und Erneuerung des Menschenlebens im Sinn einer Erlösungsreligion, es gewinnt daher keinen neuen Standort des Lebens und kann auch das Leid, das Dunkel, die Schuld nicht in der nötigen Tiefe anerkennen, es kommt nicht aus ohne einen übergroßen Optimismus, und es überwindet nicht eine gewisse Nüchternheit. Eine seelische Wärme erlangt es nur als Überzeugung eines kleineren, geschlossenen und auf sich selbst angewiesenen Kreises, ohne Beziehung darauf kann es leicht abstrakt und verstandesmäßig werden; seit dem Erscheinen des Christentums ist es von der weltgeschichtlichen Bewegung überholt, obschon das Christentum weit mehr Unausgeglichenes enthält und weit leichter mit der Kulturbewegung feindlich zusammenstößt.

Nach völlig entgegengesetzter Richtung weisen die indischen Religionen. Sie haben die große Umkehrung von Welt und Leben mit bewunderungswürdigem Nachdruck vollzogen und der Seele zu einem unmittelbaren Erlebnis gemacht. Indem hier alles Mühen und Sorgen an dem Problem der Wendung von der Welt des Scheines und Werdens zu der ewigen Einheit hängt, erhält das Leben eine großartige Einfalt, eine weiche und edle Stimmung durchdringt hier das ganze Sein. Aber es kehrt dabei die Bewegung nicht aus der Weltverneinung zur Welt zurück wie beim Christentum, um ihr einen neuen Wert zu geben, das Leben findet mit seiner unpersönlichen Gestaltung nicht den Weg zu genügender Aktivität, es bleibt zu sehr bloße Kontemplation, über der Metaphysik mit ihrer Spekulation erhält die Ethik kein volles Recht.

Auch das Christentum vollzieht eine Umkehrung der Welt und enthält insofern eine Metaphysik. Aber diese Metaphysik geht aus dem Leben hervor, namentlich aus seiner ethischen Erfahrung, sie ist daher weit kräftigerer Art, sie kann mit erhöhender Wirkung zur Welt zurückkehren und sie von Grund aus erneuern. So kann das Christentum die Probleme der anderen Religionen in sich aufnehmen und zu ihrer Überwindung wirken; wohl kommt es bei solcher größeren Weite in die Gefahr, minder einfach zu werden und dem Einzelnen minder verständlich zu sein, aber wir sahen, daß solcher Gefahr eines Kompliziertwerdens sich ganz wohl aus dem innersten Wesen des Christentums selbst entgegenarbeiten läßt. So verlangt es eben unsere eigne Zeit.

Endlich sei auch mit ein paar Worten dessen gedacht, wie überlegen der christliche Lebenstypus, die christliche Lebensbewegung, allem dem ist, was sich heute an freischwebender Religiosität entwickelt und in selbstgefälliger Einbildung glaubt auf das Christentum herabsehen zu dürfen. Wohl steckt in dieser freischwebenden Religiosität insofern ein berechtigtes Verlangen, als sie gegenüber allem Hangen an der bloßen Vergangenheit eine Unmittelbarkeit des religiösen Lebens fordert. Aber um von solcher Unmittelbarkeit aus einen Inhalt der Religion zu gewinnen, bedarf es einer Erhebung von der Subjektivität des bloßen Individuums zu einem selbständigen, der Zufälligkeit der Individuen überlegenen Geistesleben; erst von ihm aus ergeben sich große Erfahrungen, und es läßt sich von dort auch ein freundliches Verhältnis zur Geschichte gewinnen. Bleibt aber das Subjekt auf sich selbst gestellt, so kommt es über ein flüchtiges Wogen und Wallen leerer Gefühle nicht hinaus, so besteht keine Möglichkeit, die Individuen innerlich zusammenzuhalten, da die unbegrenzte Subjektivität den einen hierher, den andern dorthin treibt. Und wie sollte sich von so flüchtigen Gebilden eine kräftige Gegenwirkung finden gegen das unermeßliche Dunkle und Feindliche, das unser Leben bedroht, wie ein fester Halt gegen die wechselnden Strömungen der Zeitoberfläche? Es würde dieses Leben von sich aus gar nicht zu einer religiösen Färbung gelangen, wenn es sie nicht demselben Christentum entlehnte, an dem es nicht genug mäkeln kann. So darf diese freischwebende Religiosität nicht als ein verheißungsvoller Anfang, sondern nur als ein Symptom einer religiösen Krise gelten. Diese Krise aber ist nicht zu überwinden durch ein Verlassen, sondern nur durch ein Weiterbilden des Christentums, nicht in schroffer Verwerfung aller weltgeschichtlichen Arbeit, sondern nur in Zurückführung dieser Arbeit auf ihren Wahrheits- und Ewigkeitsgehalt.

II. Die Unmöglichkeit einer Reform innerhalb der vorhandenen Kirchen.

Daß das Christentum weiter ist als seine kirchlichen Gestaltungen, das war eine Grundüberzeugung unserer Untersuchung, nur diese Überzeugung gestattete es, nach einer Verständigung zwischen dem Christentum und dem gegenwärtigen Stande des Geisteslebens zu streben. So bedeutet unsere Entscheidung für das Christentum noch keine Entscheidung für die einzelnen Kirchen; jetzt erst gilt es zu untersuchen, ob diese die weltgeschichtliche Bewegung aufnehmen und damit das Christentum über die heutige Kirche hinausführen können. Wir dürfen uns dabei wohl auf die Kirchen beschränken, die uns Deutschen und überhaupt uns Westeuropäer zunächst angehen, auf den Katholizismus und den Protestantismus; sie sind aber nicht nach ihrem Gesamtbestande, sondern nur in ihrer Stellung zum Problem einer Weiterbildung des Christentums zu betrachten.

a) Der Katholizismus.

Daß der Katholizismus jene Weiterbildung ablehnt und sie nach seiner Grundidee ablehnen muß, das läßt sich gar nicht bestreiten. Hat er doch die Gestalt, welche das Christentum auf der Höhe des Mittelalters erreichte, als endgültig festgelegt, und kann er daher eine Fortbildung nur an der Oberfläche des Daseins, nicht aber in seinem Grundgehalte anerkennen. Sind nun aber in Wahrheit hier Fortbildungen vollzogen, wie auch unsere Untersuchung zeigte, so gerät er in eine höchst schwierige Lage. Allerdings hat eine solche Festlegung eines unwandelbaren Glaubens- und Lebensgehalts Vorteile eigentümlicher Art. Sie erzeugt eine große Ruhe und ein starkes Gefühl der Sicherheit, und das bedeutet viel in den Zweifeln und Nöten des Lebens, es schützen ferner die in ihr enthaltenen gemeinsamen Erfahrungen der Menschheit gegen ein Abhängigwerden von den wechselnden Strömungen der Zeitoberfläche. Aber zugleich sind schwerste Gefahren einer solchen Festlegung nicht zu verkennen. Zunächst die Gefahr, daß die Ursprünglichkeit des Lebens sinkt, indem an die Stelle selbständiger Erzeugung eine bloße Wiederholung tritt. Wenn auf jener Seite die geschichtliche Kontinuität als ein besonderer Vorzug gerühmt wird, so sei bemerkt, daß wahre Kontinuität nicht ein gleichförmiges Beharren, sondern ein Beharren desselben Geistes durch eine Mannigfaltigkeit von Bildungen bedeutet; solche Mannigfaltigkeit aber hat in diesen Zusammenhängen keinen Platz. Die Festlegung wird aber zu einer Hemmung des Lebens, wenn die Bewegung der Zeiten so eingreifende Wandlungen hervorgebracht hat, wie das in Wahrheit geschehen ist; denn dann muß sie einen immer härteren Druck auf ihre Anhänger üben und zu einer immer künstlicheren Beweisführung greifen, je weiter die Menschheit sich vom Ausgangspunkte der mittelalterlichen Ordnung entfernt. In Wahrheit hat sich der Katholizismus gegen den Stand des Mittelalters, wo noch so viele Bildungen nebeneinander möglich waren, immer weiter verengt, zunächst durch den Gegensatz zur Reformation, dann durch den zur Kultur, immer weniger kann er die geistige Bewegung der Menschheit zusammenhalten, immer mehr wird er zu einer besonderen Partei und verliert er bei allen Erfolgen nach außen die wahre Katholizität.

Zu diesen Gefahren einer Festlegung überhaupt gesellen sich Verwicklungen aus der besonderen Beschaffenheit jener mittelalterlichen Festlegung. Zwei Punkte sind für sie namentlich charakteristisch. Zunächst dieses, daß dort eine umfassende Lebenssynthese, eine Ausgleichung der verschiedenen Lebensinteressen unter der Führung der Religion vollzogen ward. Das besagt etwas sehr Großes, ja in seiner Weise Einzigartiges: ein unabweisbares Verlangen des Menschengeistes nach Einheit des Lebens ist hier anerkannt und der Lage jener Zeit gemäß befriedigt. Es liegt darin eine Universalität, die dem Katholizismus dauernd einen großen Stil verleiht und sein Wirken sich über alle Lebensgebiete ausdehnen läßt. Aber die mittelalterliche Art der Beantwortung jenes Problems kann auf die Dauer unmöglich genügen. In jene Synthese traten die einzelnen Elemente als der Hauptsache nach fertige Größen ein, das Christentum, wie es der Ausgang des Altertums übermittelte, die griechische, im besondern die aristotelische Philosophie, die römische Organisation, und die Art der Verbindung ist nicht eine innere Einigung und eine gegenseitige Durchdringung innerhalb eines umfassenden Ganzen, sondern bloß eine geschickte Ausgleichung mit Hilfe der Idee der Abstufung; diese Art vermag Widersprüche abzuschwächen oder doch aus den Augen zu rücken, aber im Grunde kommt sie über ein Zusammenschichten nicht hinaus. Die Neuzeit dagegen besteht kraft ihres Verlangens nach Selbständigkeit und nach Ursprünglichkeit auf einer inneren Einheit des Lebens, und auf einer solchen müssen namentlich die bestehen, welche das Christentum mit dem weltgeschichtlichen Stande des Geisteslebens in einen engeren Zusammenhang bringen möchten.

Ein zweiter Hauptpunkt ist dieser: Es entsprach der müden und matten Natur des ausgehenden Altertums, das Geistesleben an eine sinnliche Verkörperung zu binden, ihm nur bei sinnlicher Handgreiflichkeit eine volle Wirklichkeit zuzusprechen. Das hat den Vorteil einer großen Anschaulichkeit und Eindringlichkeit, und es unterstützt eine enge Verbindung der Kunst mit der Religion. Aber es wirkte auch dahin, daß das unsichtbare Reich Gottes mehr und mehr hinter der sichtbaren Kirche zurücktrat, und daß der Mensch, an seinem eignen Vermögen verzweifelnd, seine Überzeugung nicht auf die eigne seelische Bewegung und Erfahrung, sondern ganz und gar auf die Autorität der Kirche stellte, daß er schließlich weniger an Gott und an die christliche Wahrheit als an die katholische Kirche glaubte. Eine solche Denkweise bekennt schon Augustinus in den Worten: „Ich würde dem Evangelium nicht glauben, wenn mich nicht die Autorität der katholischen Kirche bewöge". Dies hat sich im Mittelalter geistig unmündigen Völkern gegenüber weiter und weiter gesteigert, bis schließlich die Kirche der ausschließliche Träger der Wahrheit und das moralische Gewissen der Menschheit ward. Das aber kann nicht geschehen, ohne daß das selbständige Leben der Persönlichkeiten verkümmert, denn zu einem solchen Leben gehört notwendig ein eignes Ringen mit den letzten Problemen; so macht die Größe der Kirche den einzelnen Menschen klein. Es entsteht hier bei aller Emsigkeit der Werke, ja Opferfreudigkeit kein männlich freies, kein starkes und aufrechtes Christentum.

Zu dieser Gefahr kommt die andere, daß die Kirche sich als letzten Selbstzweck gebe und zugleich die Aufrechterhaltung ihrer Stellung, die Ausbreitung ihrer Macht allen anderen Aufgaben vorgehen lasse, damit aber unvermeidlich zum Schaden der Innerlichkeit in das Welttreiben tief hineingezogen werde. Dem Leben aber droht damit ein Überwuchern der Kirchlichkeit über das Sorgen um den Seelenstand, eine Überschätzung der Leistungen für die Kirche gegenüber dem, was innerlich aus dem Menschen wird.

Führt das alles in einen unversöhnlichen Zwiespalt mit der Kräftigung der Innerlichkeit, welche die Neuzeit vollzog oder doch verlangen muß, so sei auch nicht vergessen, daß die der älteren Denkweise eigentümliche Bindung des Geisteslebens an ein sinnliches Element mit der neueren, freier gewordenen schlechterdings unvereinbar ist; vornehmlich muß die neuere Art die Bindung religiöser Wirkungen an äußere Vorgänge, wie die Sakramente in der alten Fassung sie bieten, als magisch und demnach als unerträglich empfinden. Welche unüberwindliche Kluft der Welten empfinden wir Neueren, wenn noch in der Gegenwart bischöfliche Erlasse von „Dämonen" sprechen und die Leugnung solcher als einen Ausfluß ungläubiger Gesinnung behandeln! Nach dem allen kann darüber kein Zweifel sein, daß innerhalb des Katholizismus eine gründliche Erneuerung des Christentums und eine Verständigung mit dem weltgeschichtlichen Stande des Geisteslebens sich nicht erreichen läßt. Hier hat die Stabilität das letzte Wort, und die ewige Wahrheit bleibt an eine zeitliche Form gekettet.

b) Der Protestantismus.

Beim Protestantismus scheint es mit jener Verständigung weit günstiger zu stehen. Denn da sein eignes Entstehen die Tradition durchbrach, so kann er unmöglich der Bewegung jegliches Recht versagen; ferner zeigt seine Geschichte sehr verschiedene Phasen und bei ihnen einen engen Zusammenhang mit dem

Gange der Kultur; warum sollte ihm also nicht auch mit dem heutigen Stande der Dinge ein Ausgleich möglich sein?

Aber die Sache ist nicht so einfach, wie sie sich in solcher Darstellung ausnimmt. Vor allem gab der alte Protestantismus sich keineswegs als ein bloßes Stück einer fortschreitenden Entwicklung, sondern er verstand sich als eine hochnotwendige Wiederherstellung einer getrübten und entstellten Wahrheit; diese Wahrheit aber sollte für alle Ewigkeit gelten. Insofern enthält er eine ebenso entschiedene Ablehnung des Fortschrittsgedankens wie der Katholizismus. Nur die nähere Art seiner Grundbehauptung brachte es mit sich, daß bei ihm mehr Bewegung möglich wurde. Es war etwas Großes und Unverlierbares, daß er das Christentum von der Überwucherung durch das Kirchentum befreite und zu seiner Hauptaufgabe, der Bildung ethisch-persönlichen Lebens, mit gewaltigem Nachdruck zurückrief. Für solche Aufgabe aber schien ihm unerläßlich, die eigentümliche Art des Christentums mit voller Schärfe hervorzukehren und sie von aller fremden Zutat abzulösen, überhaupt die Religion möglichst ganz auf sich selbst zu stellen. Darüber trat die Sorge um die Kultur ihm weit zurück, ja sie schien der höchsten Aufgabe gegenüber als eine ziemlich gleichgültige Sache, die sich selbst überlassen bleiben könne. Dadurch erlangt die Kultur eine größere Freiheit, und es wird erklärlich, daß sie nach Abschwächung der Anfangsimpulse der Reformationsbewegung ihrerseits einen starken Einfluß auf das religiöse Leben gewann, und daß sie dabei zunächst keinen Widerspruch mit dem Grundcharakter der Reformation empfand. In Wahrheit enthält der neue Protestantismus, wie ihn zuerst die Aufklärung, dann der Neuhumanismus entwickelt, eine weite Entfernung, ja an wesentlichen Punkten einen Gegensatz zur Reformation. Denn mag der neue Protestantismus in der Aufklärung eine mehr verstandesmäßige und praktische, im Neuhumanismus eine mehr künstlerische und universalmenschliche Gestalt annehmen, mag er dort mehr die Färbung des Deismus, hier eines Panentheismus tragen, gemeinsam ist ein freudiges Kraftgefühl des Menschen und ein starker Zug zur Immanenz, ein weites Zurücktreten des Dunkels und der inneren Konflikte des Lebens.

Wenn unsere großen Dichter und Denker sich als Jünger der Reformation bekannten, so geschah das vornehmlich, weil ihnen das Allgemeinmenschliche an ihr, die Steigerung der Persönlichkeit und die Kräftigung des Innenlebens, die entscheidende Hauptsache dünkte; es geschah aber auch, weil ihre Stellung zu diesen Dingen sich in zwei Punkten von der heutigen Lage wesentlich unterschied. Einmal war noch nicht das geschichtliche Bewußtsein wie heute geweckt, das die Unterschiede der Lebensgestaltungen mit aller Schärfe und Klarheit vor Augen stellt und ein leichtes Ineinanderüberrinnen schlechterdings unmöglich macht; so warfen ja auch in der Kunst selbst Männer wie Lessing und Goethe die so weit abweichenden Phasen der antiken Welt einfach unter den Begriff der „Alten" zusammen, man dachte eben in gröberen Kategorien als uns heute möglich ist. Sodann aber hat sich im Begriff der Kultur seit jener Zeit eine große Wandlung vollzogen.

Damals war die Kultur vornehmlich Idealkultur, innere Bildung des Menschen, eine solche schien sich mit einem, nur mehr ins Allgemeine gewandten Christentum ganz wohl vertragen zu können; jetzt dagegen herrscht eine Realkultur, die alles Heil von dem rechten Verhältnis des Menschen zu seiner Umgebung erwartet, und wenn damals die Kunst die Herrschaft über das Leben übte, so hat sie diese jetzt der Naturwissenschaft abtreten müssen. Eine derartige Wendung aber reißt Religion und Kultur weit auseinander und macht sie leicht zu unversöhnlichen Gegnern, der Begriff einer Kulturreligion ist dann unmöglich zu halten.

Das alles macht heute die Lage sehr schwierig. Eine Idealkultur aus eigner Kraft aufzubauen scheinen wir nicht imstande, so flüchten wir zur klassischen Idealkultur zurück und suchen durch eine Beteuerung ihrer Größe und Schönheit uns selbst zu stärken; zugleich aber hat der Realismus und haben die Erfahrungen des 19. Jahrhunderts uns so viel Dunkel und Verwicklung im menschlichen Dasein vor Augen gerückt, sie haben so viele Zweifel erweckt, daß uns der volle Glaube an jenen klassischen Idealismus darüber verloren ging; dieser würde uns nicht mehr genügen, selbst wenn wir ihn festhalten könnten; soweit wir ihn aber festhalten, kann unsere geschichtliche Denkweise nicht den weiten Abstand übersehen, der ihn von dem reformatorischen Christentum trennt, die schroffe Kluft, die zwischen der ernsten und strengen ethischen Erlösungsreligion Luthers und dem freudigen, vornehmlich künstlerisch gestimmten Panentheismus unserer Klassiker liegt.

Können wir nach dem allen glauben, daß die notwendige Erneuerung des Christentums, die Zurückführung auf seine tiefsten Lebensquellen, sich innerhalb des Protestantismus vollziehen läßt? Man kann etwa sagen, daß der Protestantismus in seinem Gesamtumfang die beiden Glieder des Gegensatzes, die beiden Pole des Lebens, in Religion und immanenter Kultur uns deutlich vor Augen stellt. Aber so wie die beiden Glieder vorliegen, sind sie unmöglich zusammenzubringen; um aber unter Ablösung von der geschichtlichen Gestalt an jeder Stelle etwas Notwendiges und Unverlierbares aufzudecken, müßte man sie in ein größeres Ganzes des Lebens versetzen und sie hier miteinander zu verständigen suchen. Solches Unternehmen aber stünde nicht mehr innerhalb des Protestantismus, sondern ihm würde der Protestantismus selbst ein Problem, ein Problem, dessen Beantwortung sich nur im Ganzen des menschlichen Lebens suchen ließe.

Innerhalb des Protestantismus mögen wir sowohl die alte wie die neue Art aufrichtig schätzen, aber jede präzisere Fassung ihrer Eigentümlichkeit zeigt, daß sie nicht unmittelbar in einer Kirche zusammengehen können. Denn es handelt sich hier nicht um ein bloßes Mehr oder Minder, das durch gegenseitige Konzession sich ausgleichen ließe, sondern die Richtungen gehen auseinander, ja gegeneinander, nicht nur in den Lehren, sondern auch in der Gestaltung des Lebens. Was die beiden Arten zusammenhält, ist nur die gemeinsame Schätzung der Persönlichkeit und des Innenlebens, sowie der gemeinsame „Kampf gegen Rom“, das ist aber zu wenig, um eine religiöse Gemeinschaft von einer Stärke hervorzubringen, die den gewaltigen Aufgaben der Gegenwart gewachsen wäre. Bei so großer Verschiedenheit beider Arten muß ihre weitere Aneinanderkettung in einem kirchlichen Organismus mehr Schaden als Nutzen bewirken, der Kampf der einen gegen die andere verzehrt viel Kraft und fördert innerlich wenig; der Anhänger des Alten wird nicht ohne Grund das Neue als einen unberechtigten Eindringling betrachten und behandeln, das Neue mag solchem Vorwurf sein weltgeschichtliches Recht entgegenhalten, und auch das mit gutem Grund. Aber warum bindet er sich dann an die alten Formen und sucht nicht aus eigner Kraft sich neue zu schaffen?

Betrachten wir aber die beiden Arten für sich, so scheint keine imstande, von sich aus die gegenwärtige Krise zu überwinden. Die alte wird besonders stark von den Verwicklungen betroffen, welche die Versöhnungslehre des alten Christentums enthält, und da sie ihre Begründung ganz und gar in der Bibel sucht, so berühren sie ganz besonders die Wandlungen und Zweifel, welche die Bibelkritik hervorrief, direkter noch als den Katholizismus. Vergleichen wir nur den gegenwärtigen Streit über die Bibel mit den Worten Luthers: „Dies muß bei einem Christen vor allem ausgemacht und felsenfest sein, daß die heiligen Schriften ein geistiges Licht sind, weit klarer als die Sonne selbst, vornehmlich in dem, was das Heil oder die notwendige Forderung angeht." Auch ist es uns unmöglich, die Überzeugung des reformatorischen Christentums von der Verderbtheit der Welt und der Gleichgültigkeit der allgemeinen Kultur für das Christentum zu teilen, wie sie sich z. B. in den Worten Melanchthons ausspricht: „Was anders ist das ganze Menschengeschlecht außer dem Geist als ein Reich des Teufels, ein verworrenes Chaos der Finsternis?" Dem Protestantismus alter Art fällt das Leben leicht auseinander in eine konzentrierte, aber enge Religion, ein „spezifisches" Christentum, und eine bloß säkulare, von den höchsten Zwecken abgelöste Kultur.

Der neue Protestantismus hat den großen Vorzug einer Offenheit für die großen Probleme der Zeit und einer engen Verbindung mit der Arbeit der Wissenschaft, aber als Ganzes angesehen bleibt er zu abhängig von dem Panentheismus der klassischen Zeit; so wird es ihm schwer, der Religion die notwendige Überlegenheit zu wahren, und den gewaltigen Verwicklungen der Zeit eine sichere Zentralwahrheit entgegenzusetzen. Das Dunkle und Feindliche in unserem Leben erlangt hier nicht die volle Würdigung und zugleich nicht die volle Gegenwirkung, die Umkehrung des Daseins mit ihrer Metaphysik und ihrer Anerkennung einer geheimnisvollen Tiefe des Alls wird nicht kräftig genug vollzogen. Damit entsteht die Gefahr, daß der Religion das Herbe und Schroffe, die Kraft der Verneinung und Abstoßung fehle, ohne die sie ihre Aufgabe nicht erfüllen kann.

Was aber die nähere Fassung des Christentums anlangt, so bietet die im neuen Protestantismus überwiegende Wendung von der dogmatischen Welt zur Persönlichkeit Jesu, mit so gutem Rechte hier ein fester Kern aller Kritik gegenüber behauptet wird, keine genügend starke und breite Basis für eine Weltreligion, die das ganze Leben befestigen und durchdringen soll. Ihr rechtes Licht und ihre volle Bedeutung erhält eine solche Persönlichkeit nur aus weiteren Zusammenhängen; die alte Denkweise fand solche in ihrer Versöhnungslehre, wir können sie nur in einem weltbegründenden und welterhöhenden Geistesleben finden; das aber führt auf andere Bahnen und über die besondere Konfession hinaus.

III. Die Unentbehrlichkeit eines neuen Christentums.

Wir gewannen die Überzeugung, daß keine Hoffnung besteht, innerhalb der vorhandenen Kirchen eine so gründliche Erneuerung des Christentums zu erreichen, wie die Lage der Gegenwart sie fordert: der Katholizismus ist zu starr dazu, den Protestantismus aber verhindert schon der unversöhnliche Gegensatz zwischen alter und neuer Art, die Führung jener großen Bewegung zu übernehmen. Alle besonderen Bedenken verstärkt weiter die Erwägung, daß heute das Problem über die einzelnen Konfessionen nicht nur, sondern auch über das Christentum, ja die Religion hinausgewachsen ist und sich in das Ganze des Lebens erstreckt; wir sind am Grundstock unseres Lebens und Wesens irre geworden, es hat sich uns inmitten aller Aufhellung nach außen hin der Sinn unseres Daseins verdunkelt, wir treiben wehrlos dahin, ohne zu wissen wohin. Wer die Größe solcher Krise vollauf würdigt, der wird zugestehen, daß es sich bei der Bewegung zur Verjüngung der Religion nicht um eine Opposition innerhalb einer besonderen Kirche, sondern um eine unabweisbare und unverschiebbare Angelegenheit der gesamten Menschheit handelt.

Frühere Zeiten hatten Lebens- und Kulturideale, welche alle Gebiete umspannten und dem Handeln ein beherrschendes Hauptziel steckten. Diese Ideale sind uns verblaßt und verflüchtigt, wohl reden auch zu uns die großen Geister der Vergangenheit, aber da es uns an genügender Weckung eignen Innenlebens fehlt, so hören wir wohl ihre Worte, aber ihre Seele dringt nicht zu uns, sie lassen uns innerlich kalt und fördern nicht unser Wesen. Bei uns selbst aber hat die Arbeit an der Peripherie des Daseins große Aufgaben gefunden und sie in fruchtbarster Weise gefördert; nun halten diese Aufgaben uns immer zwingender fest und flößen den verschiedenen Gebieten eine wachsende Neigung ein, den Gesamtanblick des Lebens und Handelns nach ihrer besonderen Art zu gestalten und diese Gestaltung allen diktatorisch aufzuerlegen. So sind hier keineswegs bloße Meinungen der Individuen oder flüchtige Strömungen der Zeitoberfläche im Spiel, sondern reale Lebensentwicklungen, die zur Herrschaft, zur ausschließlichen Herrschaft gelangen wollen. Gemeinsam aber ist diesen Lebensentwicklungen die Verlegung der Haupttätigkeit in die Berührung mit der Umgebung, das Zurückdrängen und Verkümmernlassen alles dessen, was früher als Innenleben die überragende Hauptsache schien.

So erklärt die moderne Naturwissenschaft ihrem überwiegenden Hauptzuge nach die uns umgebende Natur für das Ganze der Wirklichkeit, das auch unser Seelenleben restlos in sich aufnehmen soll, sie gibt damit alles preis, was dieses bisher an eigentümlicher Art und an eigentümlichen Werten zu besitzen schien, sie kann zugleich der geschichtlichen Arbeit der Menschheit wenig Bedeutung zuerkennen. Zu ähnlichem Ziele einer Verdrängung und Absorbierung des Inneren durch das

Äußere wirkt die soziale Bewegung, indem sie die ökonomischen Probleme, das wirtschaftliche Wohlergehen des Menschen, vor alle anderen Aufgaben stellt, alles Streben für sie verlangt, alle Kraft auf sie verwandt wissen will, zugleich aber die Art ihrer Lösung den Gesamtcharakter des Lebens bestimmen und auch über die inneren Aufgaben befinden läßt. Auch der Ästhetizismus und Epikureismus, der über die Genußsucht der bloßen Individuen weit hinausreicht, treibt das Innenleben sehr zurück. Die wachsende Verfeinerung des Empfindens, das Beweglicherwerden und die fortschreitende Differenzierung des Lebens, das Sichablösen freischwebender Stimmung von aller stofflichen Bindung, alles zusammen hemmt eine Konzentration des Lebens zur Selbsttätigkeit, löst seine Einheit auf und verwandelt es in ein bloßes Spiel an der Oberfläche. So wirken Wachstum der Außenwelt, Wachstum der auf die Lebensbedingungen gerichteten Arbeit, Verwandlung des Menschen in ein Bündel von Eindrücken und Empfindungen zusammen, um alles Beisichsein der Seele zu zerstören und selbst die Frage nach ihm sinnlos erscheinen zu lassen. Sie wirken nach solcher Richtung um so sicherer und mit dem Anspruch der Unfehlbarkeit, weil ihnen nicht von innen her ein Ideal des ganzen Menschen kräftig entgegenwirkt, und weil hinter ihnen eine Arbeitsleistung steht, deren Fruchtbarkeit niemand bestreitet. So ist es nicht das bloße Subjekt, dessen Verhältnis zum Leben sich verwickelt, sondern das Problem liegt im Leben selbst, es hat sich immer mehr an die Peripherie verschoben und sieht nun nicht, was aus dem Zentrum werden soll.

Lebensentwicklungen gewachsen sind nur Lebensentwicklungen, ihnen bloße Theorien entgegensetzen, das hieße Wirklichkeiten mit Schattenbildern bekämpfen. Können wir also auf einen beherrschenden Mittelpunkt und auf eine Gestaltung des Lebens von ihm aus nicht verzichten, drängt auch das Auseinandergehen der peripheren Bildungen zu irgendwelcher Belebung eines solchen Mittelpunkts, so müßte von hier aus eine eigentümliche Lebensentwicklung kommen und ein Gleichgewicht des Lebens sichern. Diese Entwicklung aber können wir nicht der Vergangenheit einfach entlehnen, denn alles Vergangene hat nicht verhindert, daß wir in die gegenwärtige Verwicklung gerieten, wir müssen also das große Problem selbständig aufnehmen und ein Mehr in der Innerlichkeit unseres Lebens suchen; wir müssen diese verstärken, indem wir in ihr neue Tiefen, Tatsachen, Zusammenhänge entdecken und schließlich zu einer Innenwelt gelangen, welche der auf uns eindringenden Außenwelt gewachsen und überlegen werde. So gilt es ein Vordringen und Weiterbilden, nicht ein bloßes Sichbesinnen und Reflektieren; eine solche Verstärkung der Innerlichkeit suchten wir zu erreichen durch eine Verankerung des Menschen in einem geistigen Leben und einer geistigen Welt.

Aber es läßt sich das Problem einer Entwicklung des Lebens von Ganzen her nicht in neuer Art behandeln, ohne daß unsere Gesamtstellung zur Wirklichkeit in Frage kommt und über unser Vermögen gegenüber dem notwendigen Ziel deutliche Rechenschaft abgelegt wird. Dabei aber gewahren wir bald, daß mit der Größe des Unternehmens auch die Gefahren wachsen; von Ganzem zu Ganzem streben können wir nicht ohne daß starre Widerstände und schwere Hemmungen drinnen und draußen ersichtlich werden; mit ihnen uns gründlich auseinandersetzen und ihnen hoffnungsvoll entgegenarbeiten können wir nicht ohne eine Wendung zur Religion. So ist es der Kampf um eine geistige Selbsterhaltung des Menschen wie der Menschheit, der mit Notwendigkeit dahin treibt.

Die Religion nämlich hat ihre Hauptstärke in der Würdigung und Überwindung der Hemmungen und Widerstände. Während die allgemeine Kultur dahin neigt, diese zurückzustellen und möglichst aus den Augen zu rücken, arbeitet die Religion sie mit voller Klarheit heraus; sie kann das aber ohne ihnen zu unterliegen oder das Leben ins Stocken zu bringen, weil sie über das unmittelbare Dasein hinauszuheben und ein neues, weltüberlegenes Leben zu eröffnen imstande ist. Aber auch nach solcher Eröffnung läßt sie das Feindliche nicht einfach verschwinden, sondern sie hält es fest und bringt dadurch in das Leben eine unaufhörliche Bewegung und Spannung; darin besteht ihre eigentümliche Art und Größe, daß sie erst nach energischer Verneinung zu einer Bejahung vordringt, und daß sie auch in der Bejahung jene gegenwärtig hält. Die Religion bringt zur Geltung, daß unser Leben große Verwicklungen, aber auch große Überwindungen enthält, und indem sie beides in enge Beziehung setzt, gibt sie jenem einen Kontrastcharakter und erzeugt sie eine fortlaufende Bewegung, aus der immer neue Kräfte und Wendungen hervorgehen können. Dazu kommt, daß die Religion auf die letzten Ursprünge zurückgreift und die Unendlichkeit gegen alle Begrenzung, die Ewigkeit gegen alle Zeit einzusetzen vermag. Wo das zu klarem Ausdruck kommt und mit voller Stärke empfunden wird, da gewinnt die Religion eine Überlegenheit gegen alles übrige Leben, da kann sie alles, was ihr entgegentritt, niederwerfen und vernichten, da führt sie allem, mit dem sie sich verbindet, eine unermeßliche Verstärkung zu, wie denn die Erfahrung zeigt, daß alles was je die ganze Seele des Menschen ergriff, selbst die Verneinung der Religion, sich zu einer Art von Religion gestaltete; so auch im Naturalismus wie im Sozialismus der Gegenwart.

Wenn demnach ohne ein Zurückgehen auf die Religion mit ihrer Kraft der Vertiefung und Belebung die Seelenlosigkeit der modernen Kultur und das Verkümmern aller Innerlichkeit sich unmöglich überwinden läßt, so haben unsere Darlegungen weiter gezeigt, wie die Belebung der Religion unmittelbar zum Christentum führt, wie seine weltgeschichtliche Leistung des Aufbaus einer neuen Welt und der Emporhebung der Menschheit dafür schlechterdings unentbehrlich ist. Namentlich die Gegenwart mit ihrer moralischen Schlaffheit bedarf dringend einer Aufrüttelung und Regeneration durch die moralische Energie des Christentums. In ihm schlummern unermeßliche Kräfte, und es haben sich diese Kräfte keineswegs ausgelebt, sie sind noch immer imstande, wieder hervorzubrechen und mit elementarer Gewalt das menschliche Leben in neue Bahnen zu treiben. Die Berührung von Göttlichem und Menschlichem erzeugt dämonische Mächte, die umwälzend und erneuernd, aber auch zerstörend und verheerend wirken können; sie zu mäßigen und in fruchtbare Arbeit überzuleiten, ist eine

Hauptaufgabe der religiösen Gemeinschaft. Aber es kann im Laufe der Zeit die besondere Fassung zur Verengung und Erstarrung werden, dann gilt es von ihr an die Urkraft selbst zu appellieren und sie zu neuem Schaffen aufzurufen, so gewiß eine große Weltreligion nicht ein abgeschlossenes Faktum, sondern eine weltdurchdringende Bewegung bildet. So aber steht es in der Gegenwart.

Denn wer unbefangen die Zeit betrachtet, der kann daran nicht zweifeln, daß heute die Kirchen die Religion keineswegs bloß fördern, sondern sie auch vielfach schädigen. Würde der naturalistische Monismus, der im Durchschnitt nicht viel mehr ist als ein verdünnter Aufguß der alten Aufklärung mit einiger naturwissenschaftlicher Zutat, würde er so viele, und keineswegs bloß verneinungslustige Geister anziehen und festhalten, wenn nicht die kirchliche Religion ein Weltbild aufrecht hielte, das der modernen Naturwissenschaft nicht nur in einzelnen Ergebnissen, sondern in der gesamten Denkweise schnurstracks widerspricht? Und würde wohl der deutsche Sozialismus, im Gegensatz zu dem der englischredenden Länder, sich so schroff zur Religion und zum Christentum stellen, wenn er nicht in der Kirche vornehmlich eine staatliche Einrichtung sähe, die „Thron und Altar" zu schützen verspricht. Ferner ist es keine unfreundliche Deutung, sondern eine zahlenmäßig gesicherte Tatsache, daß wohl in allen Ländern die Zahl derer, die sich dem Dienst der Kirchen weihen, und auch die Zahl derer, die lebendig an ihr teilnehmen, unablässig sinkt, bisweilen in erschreckender Weise. Sollen wir solche Abwendung von der Religion uns ruhig gefallen und noch weiter und weiter anschwellen lassen, sollen wir aus Scheu, die Kirchen anzutasten, müßig zusehen, wie die Religion dem Leben immer mehr entschwindet? Oder sollen wir die Religion über die Kirchen stellen und neue Wege suchen, eingedenk des Goetheschen Wortes: „Der beste Ratgeber ist die Notwendigkeit".

Wir fühlen uns bei solcher Überzeugung nicht als Kirchenfeinde, wir wissen vollauf zu würdigen, was die Kirchen auch heute zur Befestigung und Vertiefung des Lebens und zur Moralisierung des menschlichen Daseins leisten. Aber das gehört zu den tragischen Zügen der Lage des Menschen, daß alle Tüchtigkeit und Emsigkeit der Individuen unzulänglich wird, wenn das Ganze dem weltgeschichtlichem Stande des Geisteslebens nicht mehr entspricht oder gar ihm direkt widerspricht. So aber steht es mit den heutigen Kirchen, daher muß eine Festhaltung des Christentums mit einer verneinenden Stellung zu den Kirchen zusammengehen.

Wenn wir bei dem allen den weltgeschichtlichen Stand des Geisteslebens zum Maßstab machen, so ist das keineswegs eine Auslieferung der Wahrheit an eine vorübergehende Lage. Denn etwas anderes ist das Auf- und Abwogen menschlicher Meinung und Stimmung mit seiner Wandelbarkeit und seiner Neigung ins direkte Gegenteil umzuschlagen, etwas anderes der weltgeschichtliche Aufbau, die fortgehende Erschließung und Weiterbildung des Geisteslebens, die sich in Ablösung von der besonderen Lage der Zeit vollzieht. Gegen jenes kann man nicht kritisch und skeptisch genug sein, wie denn auch diese Arbeit einen unablässigen Kampf gegen die Strömungen der Zeitoberfläche führte, jenes andere dagegen mit seiner Herausarbeitung eines bleibenden Wahrheitsgehalts muß unserem Streben fördernd und richtend zugegen sein, aus ihm ist ein weltgeschichtlicher Stand hervorgegangen, dem nichts widersprechen darf, was tief und dauernd zur Menschheit wirken will. Geist der Zeiten und Zeitgeist sind grundverschiedene Dinge; vom Zeitgeist muß sich befreien, wer den Geist der Zeiten fassen will. Und der Geist der Zeiten verlangt heute eine Verjüngung des religiösen Lebens, die nicht neuen Wein in alte Schläuche gieße, er verlangt eine solche Verjüngung nicht direkt wegen der Religion und nicht mit viel religiösem Getue, sondern er verlangt sie zur Rettung des geistigen Lebens der Menschheit, zur Rettung einer Geisteskultur, zur Rettung der menschlichen Persönlichkeit. Was aus solcher weltgeschichtlichen Notwendigkeit hervorgeht, das hat die sichere Gewähr des Gelingens, so unsicher uns heute noch die Wege zum Ziel sein mögen; die Menschen werden aber in dem Augenblick für die Bewegung gewonnen werden, wo die fortschreitende Entseelung des Lebens dem Einzelnen zur persönlichen Empfindung kommt und aus einem bloßen, vielleicht ergötzlichen Schauspiel zu einer schmerzlichen Erfahrung wird, wo zugleich volle Klarheit darüber aufgeht, daß sich an den einzelnen Stellen und in den besonderen Richtungen keine geistigen Werte halten lassen, wenn das Ganze verloren geht, daß dann von Gutem, Schönem, ja Wahrem nicht mehr die Rede sein darf, daß Liebe, Recht und Ehre törichte Einbildungen werden. Gelangt die Bewegung erst zu solcher Kraft, so wird sie bald entsprechende Formen finden.

Heute sind wir noch fern von solcher Wendung,

und es ist zunächst nur um die Richtung des Suchens zu kämpfen. Aber der suchenden Seelen sind viele, und es ist von Wichtigkeit, daß sie der Gemeinsamkeit des Strebens weit mehr innewerden, sich untereinander nähertreten und mit vereinter Kraft zunächst zur Herstellung der äußeren Bedingungen wirken, die für ein vordringendes Schaffen erforderlich sind. Bei uns in Deutschland ist es das Verhältnis der Kirche zum Staat, namentlich das Bestehen einer protestantischen Landeskirche, was dringend einer Wandlung bedarf, ganz besonders im eignen Interesse der Religion*). Die Verteidiger der Staatskirche scheinen uns einmal die ungeheure Krise, in der sich das Christentum heute befindet, sehr zu unterschätzen, weiter aber auch die Wandlung, welche der Staat seit der Zeit der Reformation erfuhr, nicht voll in Anschlag zu bringen. Wenn eine gleichartige religiöse Überzeugung ein ganzes Volk beherrscht, dann mag die Übertragung der Leitung der Kirche an den Staat überwiegende Vorteile haben; völlig anders liegt aber die Sache, wenn die Zeit von schroffen religiösen Gegensätzen zerklüftet wird wie die Gegenwart. Denn dann wird unvermeidlich der Staat entweder die eine der Parteien fördern, die andere unterdrücken, oder er muß einen Mittelweg suchen, mit dem schließlich, als einem unmöglichen Ausgleich, niemand zufrieden ist. Ferner hatten die älteren Staaten eine weit größere Beharrlichkeit als die neueren mit ihrem Parlamentarismus und ihren Kämpfen der Parteien um die Macht. Bei solcher Lage erzeugt die Zusammenschmiedung der Kirche mit dem Staat viel ungehörigen Druck, so namentlich auf die Schule, und es wuchert leicht das Unkraut des

*) Geschrieben 1911.

Scheinwesens auf; Druck und Schein zusammen erzeugen fortwährend nicht wenig Groll und Erbitterung gegen die Religion und lassen sie Mißgestimmten wohl gar als eine bloße Einrichtung politischer Zweckmäßigkeit erscheinen *).

Zugleich freilich ist gegenwärtig zu halten, daß die Trennung der Kirche vom Staat für die Hauptsache, die Verjüngung und Kräftigung der Religion, unmittelbar nicht das Mindeste besagt, daß sie nur eine Bedingung herstellt, die ein Schaffen nach jener Richtung erleichtert. Das ist höchst wahrscheinlich, daß die Trennung der Kirche vom Staat und der dann zu erwartende Zerfall der Einheitskirche zunächst viel Irrung und Verwirrung, viel Abfall und Verneinung hervorrufen wird. Aber zugleich wird Eins gewonnen, was das Allerwichtigste ist: die volle Wahrhaftigkeit, denn nur unter diesem Zeichen kann ein Wiederaufsteigen der Religion und ein Überwinden der Seelenlosigkeit des Lebens erfolgen. Es zehrt am Mark unseres Lebens und schwächt unsere ganze Persönlichkeit, wenn bei dem, was allen Menschen, wenn nicht heilig ist, so doch heilig sein sollte, wenn bei den letzten Überzeugungen Halbwahrheit und Scheinwesen waltet, wir kommen aus der gegenwärtigen geistigen Krise nicht heraus, wenn solches nicht gründlich ausgetrieben wird. Der vollen Wahrhaftigkeit die Zweckmäßigkeit entgegenhalten und innere Notwendigkeiten aus Furcht vor unliebsamen Folgen möglichst unterdrücken darf am wenigsten der Protestantismus, der einer rücksichtslosen Durchsetzung der inneren Notwendigkeit überhaupt sein Dasein verdankt, und dessen führender Geist die gewaltigen Worte sprach:

*) In der ersten Auflage folgten einige Ausführungen über den Fall Jatho, die heute entbehrlich sind.

„Ärgernis hin, Ärgernis her, Not bricht Eisen und hat kein Ärgernis. Ich soll der schwachen Gewissen schonen, sofern es ohne Gefahr meiner Seele geschehen kann. So nicht, so soll ich meiner Seele raten, es ärgere sich dann die ganze oder halbe Welt.“

Diese Worte Luthers lassen deutlich ersehen, worauf es letzthin bei dieser Frage ankommt. In die große Bewegung und den schweren Kampf eintreten können getrost und freudig nur solche, welche ein höheres Leben als das der bloßen Menschenkultur mit ihren Nützlichkeitsgütern kennen und anerkennen, welche zugleich die Überzeugung hegen, daß die Religion nicht ein bloßes Erzeugnis menschlichen Sehnens und Hoffens ist, sondern daß sie uns eine weltüberlegene und weltdurchdringende Tatsächlichkeit eröffnet und sie in unser Leben einführt, daß sie an erster Stelle ein Werk nicht des Menschen, sondern Gottes ist. Wenn sich an solchem Punkt die Geister schärfer scheiden und zugleich das große Entweder — Oder in unserem Leben volle Deutlichkeit erlangt, so ist das nur ein Gewinn für die Kraft und die Wahrheit des Lebens. Allen ängstlichen Besorgnissen über das, was bei offenem und mutigem Vorgehen kommen kann und kommen wird, sei folgende Erwägung entgegenzuhalten: „Entweder ist die Religion bloß ein durch Tradition und gesellschaftliche Ordnung sanktioniertes Erzeugnis menschlicher Wünsche und Vorstellungen, — dann kann keine Kunst, keine Macht oder List verhindern, daß der Fortgang der geistigen Bewegung ein solches Machwerk zerstöre; oder die Religion ist in übermenschlichen Tatsachen gegründet, dann kann auch der härteste Angriff sie nicht erschüttern, vielmehr muß er schließlich durch alle Not und Mühe des Menschen hindurch ihr dazu dienlich sein, auf den Punkt ihrer wahren Stärke zu kommen und ihre ewige Wahrheit reiner zu entfalten" (Wahrheitsgehalt der Religion).

Unsere Frage war, ob wir heute noch Christen sein können? Unsere Antwort ist, daß wir es nicht nur können, sondern sein müssen. Aber wir können es nur, wenn das Christentum als eine noch mitten im Fluß befindliche weltgeschichtliche Bewegung anerkannt, wenn es aus der kirchlichen Erstarrung aufgerüttelt und auf eine breitere Grundlage gestellt wird. Hier also liegt die Aufgabe der Zeit und die Hoffnung der Zukunft.

Kolibri 360 GmbH
Ferdinand-Jühlke-Straße 7
99095 Erfurt, Deutschland
produktsicherheit@kolibri360.de